岩波科学ライブラリー 328

生成AIのしくみ

〈流れ〉が画像・音声・動画をつくる

岡野原大輔

岩波書店

まえがき

近年、人工知能（ＡＩ）の発展は目覚ましく、コンピュータが人間のように、画像や音声、動画などを生成できるようになった。いわゆる生成ＡＩの登場である。中でも注目されているのが「流れ」をつかってデータを生成する技術である。

例えば、流れをつかった生成技術の代表である拡散モデルは次のような観察と想像にもとづく。水面上にインクで字を書いたとする。このインクで書かれた字は時間がたつとともに崩れていき、十分に長い時間が経過するとインクは水中全体に一様に混ざる。

もし、このインクが拡散していく過程を逆向きに再生することができれば、水中にインクが一様に混ざっている状態から、インクで字が書かれた状態に到達することができる。つまり、何か秩序をもった対象を徐々に破壊していき完全な無秩序になる過程を参考にして、それを逆向きにたどる流れを作れれば、無秩序から秩序を生み出す過程、つまり生成を実現できるのではないか、というアイデアである。

この説明では、水面という2次元空間中におけるインクの流れをつかって字を生成したが、実際の生成ＡＩで学習しなければならないのは、データが存在する高次元空間におけるデータの流れである（ここではまだ、高次元空間とは何かは気にしなくてよい）。この場合も同様に、データに徐々にノイズを加えていき破壊していくときに発生する流れと逆向きの流れをつかってデータを生成する。

生成時の流れは、生成途中のデータが、次にどのような状態に変化すべきかを表わしている。これらの変化をつなげた結果が、データをランダムに初期化した無秩序な状態から、最終的な生成目標に向かう流れとなる。

例えば「犬」の画像を、流れをつかって生成する場合をみてみよう。まず、画像をランダムに初期化する。この初期状態の画像はまるで砂嵐のようにみえ、何の情報ももっていない。その後、画像は流れにしたがって徐々に変化していく。まずは次第に犬の輪郭が現れてくる。次に、目、耳、鼻などのパーツが形成され、最終的には毛の一本一本が詳細に描かれ、リアルな犬の画像が完成する。

流れをつかった生成技術は多くの分野で成功を収めている。例えば、画像や音声、動画、化合物の生成において、以前には達成できなかった高い品質かつ多様な生成が可能となった。また、一見すると生成とは関係がないように思えるロボットの制御や、タンパク質の構造推定といった分野でも成功している。

流れをつかった生成モデルを正確に理解するためには、数学や機械学習の知識が必要になる。特に、流体力学や確率微分方程式などが登場し、これらは専門家にとっても難しいトピックである。私は以前、専門家向けに『拡散モデル』(岩波書店、2023年)という本を書いた。価値のある内容を紹介できたと思うものの、非専門家には難解な部分が多かったと感じている。

一方で、流れという概念は、現実世界で身近にみられる現象に対するものであり、必ずしもこうした専門知識がなくても直観的に理解しやすいものである。本書の目的は、現在の生成AIが流れをどのようにつかって、画像や音声、動画を生成しているのか、数式をつかわず、重要な概念を誰でも理解できるように説明することである。

本書によって現在のAIの生成について理解を深めるとともに、生成を実現するための研究者たちの試行錯誤、その周辺に広がる様々な知見に興味をもっていただければ幸いである。

目 次

3 流れをつかった生成

付録　機械学習のキーワード……121

カバー画像：123RF

1 生成ＡＩを作る

生成ＡＩとは

人が文章を書いたり、絵を描いたり、音楽を作れるようになるには、多くの年月の努力と才能を必要とする。何かを作るということはマニュアルがあって、そのマニュアルの手順に沿って実行すればできるというものではない。創作は創作者の意志と判断、無意識下の活動の融合による非常に複雑なプロセスによって実現されている。

人は自分自身が、どのようにこうした創作活動を行なっているのかを実はよくわかっていない。少なくとも言語やルールで説明することができない。そのため、ＡＩにデータを生成させようとした場合に、どのような手順で生成すればよいかを教えるのが難しかった。もし人がデータ生成の仕方をわかっているのであれば、その手順をプログラムやルールの形で計算機に教えさえすれば、人のようにデータを生成できるＡＩが実現できているはずだ。

こうした難しさがあることから、最近までＡＩが生成する文書や絵、音楽は稚拙で間違いが多く、単純でパターンが限られており、ぎこちないものだった。多くの人が、ＡＩに人のように様々なデータを生成させるのは永遠に解けない難問か、あるいはできるとしてもまだ多くの年月を必要とするのではないかと思っていた。

しかし、この数年でＡＩによってこれらのデータを生成できる技術が急速に進展し、ＡＩにデータを自由自在に生成させることが現実的になった。こうしたデータを生成するＡＩは「生成ＡＩ」とよばれる。

しかも、生成ＡＩの進歩の度合いは非常に速い。例えば、画像生成において、２０１０年代初頭にはまだ簡単な数字や絵を描くことしかできなかったが、わずか10年で、本物と区別がつかないほど現実に忠実で多様な画像を、誰でも生成できるようになった。動画生成に至っては２０１０年代末でも、意味のある動画生成は不可能であったが、現在では一貫性があって意味のある動画を生成できるようになっている。

指示や条件に従って生成させる

生成ＡＩが無作為にデータを生成しても、それは役に立たない。ユーザーが具体的な指示や目標、生成時の制約や条件を与え、それに従ってデータを生成できて初めて、有用な生成結果となる。

絵や動画を生成するために生成ＡＩに与えるテキストによる指示は、プロンプトとよばれる。プロンプトでは生成対象やスタイル、要望などを伝えることができる（図1左）。こうした指示はテキストに限らない。人の画像を生成する際に、骨格のポーズを条件として与えて、そのポーズをとっている様々な人物画像を生成することもできる（図1右）。また、音声の場合には、特定の人物の声を条件にしたり、読み上げてほしいテキストを与えると、望みの声で特定のテキストを話させることもできる。

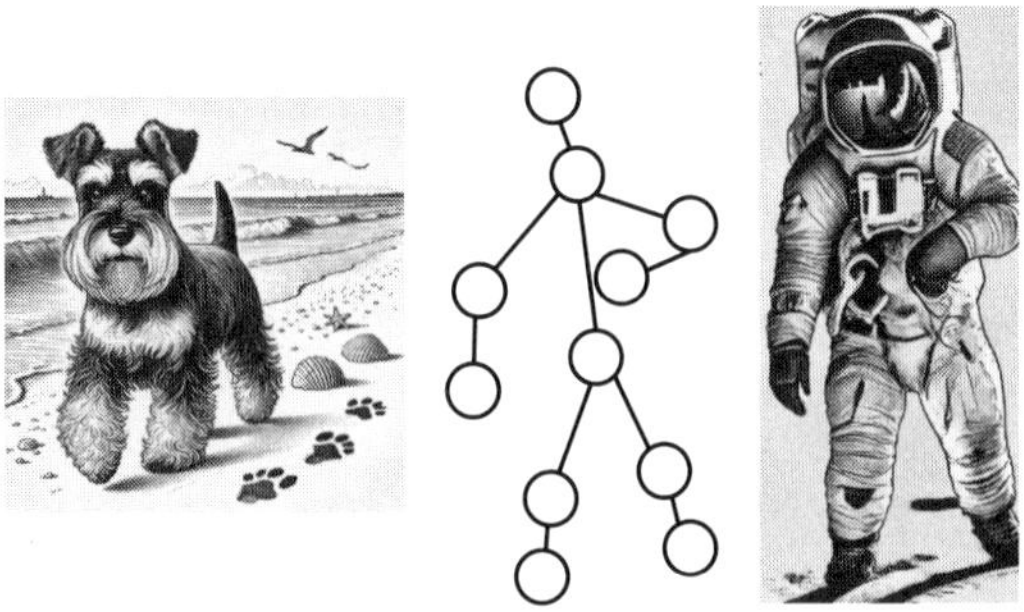

図1　左：指示(プロンプト)をもとに絵を生成した例，右：骨格ポーズと「宇宙飛行士」という条件で絵を生成した例．図はChatGPT-4oをつかって作成．

さらに、生成する際の制約を与えることができる。ある画像を制約として与えて、その周辺領域に広がる画像を生成させたり、低解像度の画像を与えてそれに対応する高解像度の画像を生成させることもできる。また、動画の場合には、中間フレームを補間したり、与えた動画と矛盾なく接続するような前後の動画を新たに生成することができる。

このようなプロンプトや生成のための指示や制約をまとめて、生成の条件とよぶ。生成AIをつかう場合は生成の条件をつかって生成結果を制御することができ、条件は生成におけるハンドルやコントローラーのような役割を果たす。

このように条件を付けた生成を条件付き生成とよぶ。何を条件として何を生成させるかをいろいろと変えることで、実に多様な問題を条件付き生成問題として統一的に解くことができる。

これまで生成が難しかったデータを生成できる

本書であつかう流れをつかった生成は生成対象を問わないが、特に画像、音声、動画の生成、また生成以外にもロボット制御、構造推定などで成功し、多くつかわれている。

画像、音声、音楽の生成では既に商用化も進み、多くの人が利用している。画像生成はそのままつかわれることもあれば、様々な写真や画像編集ツールと統合され、本物と見分けがつかないほど写実的な画像やコミック調の画像を生成できる。音声では生き生きとした声で感情を感じさせたり抑揚をつけたりすることもできるようになっている。音楽の生成もサービスが次々と登場してきている。

動画は様々なデータの中でも最も生成するのが難しい対象であった。あつかうデータ量が膨大である上に他のデータに比べても圧倒的に内容が複雑であるためだ。この動画生成も流れをつかった生成によって初めて実現された。動画生成は、コンテンツとして生成するだけでなく、ロボットの制御や自動車の自動運転における計画の作成にも役立つ。どのように行動したら何がおきるのかという複雑な世界のダイナミクスを、動画情報として統一的にあつかえるのだ。

生成ＡＩの生成対象は制御にも広がる。様々な条件のもとで、指示を受けたロボットがどのように行動すればよいのか、制御列を生成する。例えば、ロボットに「机の上の皿を取って」と指示すると、ＡＩはその指示に従って、ロボットがどのように動くかを計画し、その計画にもとづいた動作を生成することができるし、「二足歩行をする際の各関節の目標値」を生成するようにすると、その目標角度を生成する（図２）。

また、生成ＡＩは物質の構造を推定することができる。例えば、様々な原子から構成されるタンパク質がどのような構造をとるのかを推定することは生命科学にとって重要な問題であり、病気の原因の解明や新しい薬の開発につながる。そのためには、化合物の分子情報、つまりどの原子とどの原子がつながっているかを条件として与え、それぞれの原子がどのような位置にあるのかを生成する問題として考えることで、タンパク質の構造を推定できる（図３）。この場合、構造が既に解明されているタンパク質から構造の推定方法を学習し、構造が未知のタンパク質の構造を推定したり、薬がタンパク質と結合する様子を推定できる（第２章末のコラム「ノーベル賞２０２

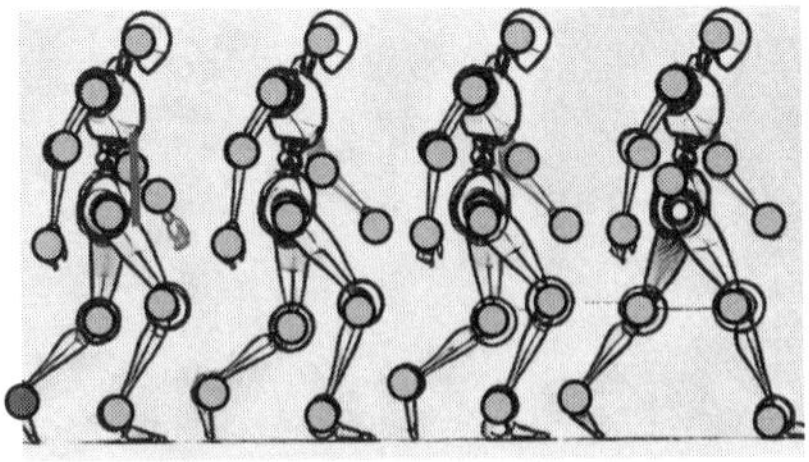

図２　「二足歩行のシーケンス」の指示をもとに，各関節の目標角度／姿勢を生成する例．図はChatGPT-4oをつかって作成．

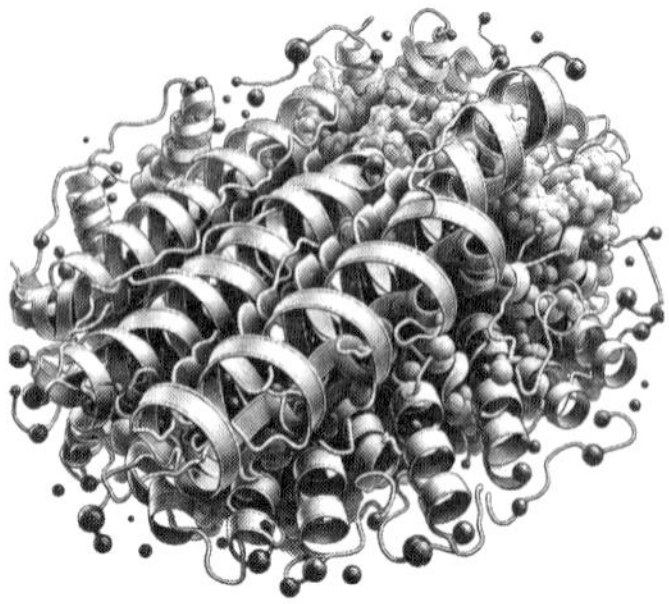

図３　タンパク質の構造例．アミノ酸からなる配列が折りたたまれて，非常に複雑な構造をとる．AlphaFold3 などで拡散モデルをつかった構造推定が実現されている．図は ChatGPT-4o をつかって作成．

4年」参照)。

その一方で、生成ＡＩとして重要なアプリケーションである文章の生成モデル、大規模言語モデルにおいては、流れをつかった生成はまだ本格的につかわれていない。なぜつかうことが難しいのか、今後つかわれていくのかについては、最後の章で触れたいと思う。

ルールベースから機械学習へ

ここからは生成ＡＩをどのように作っていくのかについて説明しよう。生成タスクに限らず、ＡＩを実現するにあたって最初に目指されたアプローチは、プログラムやルールの形で直接、専門家が問題の解き方をＡＩに教えるアプローチであった。こうしたアプローチによるＡＩを、ルールベースシステムやエキスパートシステムなどとよぶ。

こうしたアプローチはある程度までは成功し、多くの商用システムも登場しているが、問題が複雑になってくると、ルールベースでは解くことが難しい。本書で取り上げる生成タスクもまさにそのようなタスクとなる。

例えば、「夕暮れの海岸で、波打ち際を走る犬と飼い主のシルエット」という指示を与えて、画像を生成させる場合を考えてみよう。この場合、夕焼けの空の色、波の形状、ありうる犬と飼い主の動きはどのようなものかをあらかじめ教えておく必要がある。さらにそれらを組み合わせた場合にどうなるのかも教えなければならない。夕焼けは海の色に反映させなければならないし、その照り返しは犬や人の色にも影響を与える。物理的な法則から犬と飼い主のシルエットは太陽と反対の位置になければおかしいはずだ、といったようにだ。

このように複雑なタスクにおいては、ＡＩに教えなければならない知識の量は膨大になるし、それらを漏れなく列挙することも極めて難しくなる。さらに、ある部分の問題を修正すると他の部分に影響が出ることが多く、全体のバランスを保つのが難しい。あたかもモグラたたきのように、ある部分を修正したら他の問題が発生し、逐一対応することが必要となる。

このようなルールベースによる限界を克服するため、ＡＩ自体がデータからルールや知識を獲得する、いわゆる機械学習が急速に普及している。

機械学習とは、与えられた学習データにもとづいてＡＩ自体が学習していく手法である。例えば、犬と猫の画像を分類するＡＩを作る場合、犬と猫の画像とその正解ラベルを学習データとして提供し、ＡＩが自らその違いを見分けられるように学習する。これにより、ＡＩは新しい犬や猫の画像をみて、それらを判別できるようになる。

人ではとても列挙できず複雑かつ繊細《せんさい》な関係にある膨大なルールや知識を、ＡＩが学習の過程で獲得していく。インターネットやスマートフォンの普及により、大量のデータが容易に入手できるようになったことや計算機の驚異的な性能向上も、機械学習の発展を後押している。

本書は流れによる生成に注目するため機械学習について詳しくは触れないが、巻末の付録「機械学習のキーワード」に簡単にまとめているので参照してほしい。

生成タスクはとりわけ難しい機械学習問題

生成というタスクも指示や条件などの入力から生成対象という出力を予測する問題であり、従来の機械学習の枠組みで実現できる。しかし、様々なタスクの中でも生成タスクは、機械学習で解くことが難しかった。機械学習は分類や認識タスクなどでは成功していたが、生成タスクはなぜ特別に難しいのか。2つ理由を説明する。

難しい理由の1つ目は、生成タスクは出力データが高次元データであるためである。

データを表現するのに必要な独立した変数の数を次元数とよぶ。あるデータを表わすのに最低限必要な数字の個数と思ってもらえればよい。例えば、温度や身長を表わすデータは1つの数値で表わせるので、次元数は1である。地球上の位置を表わすデータは緯度と経度の2つの数値で表現するので次元数は2となる。人間が普段生活している世界は3次元空間であり、ある位置を表わすためのデータは、3つの数値を指定すればよいので次元数は3となる。

これに対し、生成対象となるデータは、これらと比べて圧倒的に高次元である場合が多い。文章、画像、音声、動画、分子、時系列などはいずれも高次元データである。

具体的に生成対象データの次元数がどのくらい大きいかをみていこう。

フルカラー画像データの場合、各画素の色情報を表現するために一般的にRGB（赤、緑、青）の3つの値を使用する。そのため、フルカラー画像を表わそうと思った場合、画素数に3を掛けた値を指定する必要があり、これが次元数となる（図4）。例えば、ハイビジョンの画素数は1920×1080であり、次元数は1920×1080×3＝622万となる。

音声データの場合は、一定時間ごとの音圧の値を記録している。この記録の間隔は1秒間に何回サンプリングするかというサンプリングレートで表わされる（図5）。例えば、よくつかわれる44.1kHzのサンプリングレートで10秒間の音声を記録する場合、次元数は4万4100×10＝44.1万となる。

動画データの場合、フレームとよばれる静止画が順番に並べられて構成されている。1秒間に何フレームをつかうかという単位をfps (frame per second)とよぶ。24fp

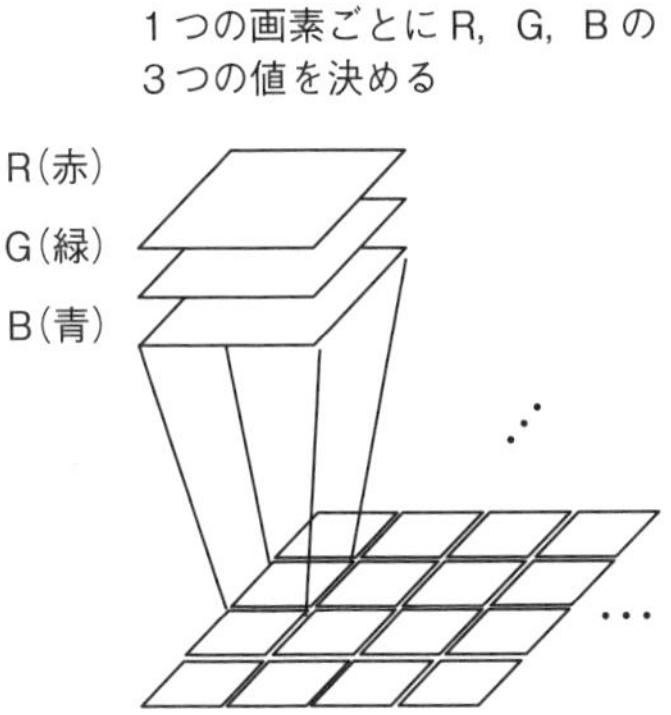
1つの画素ごとにR, G, Bの
3つの値を決める
R(赤)
G(緑)
B(青)

図4　各画素のR・G・Bのそれぞれ(各次元)がその色の強さを表わす量をもち，フルカラー画像データの次元数は総画素数に3を掛けた値となる．

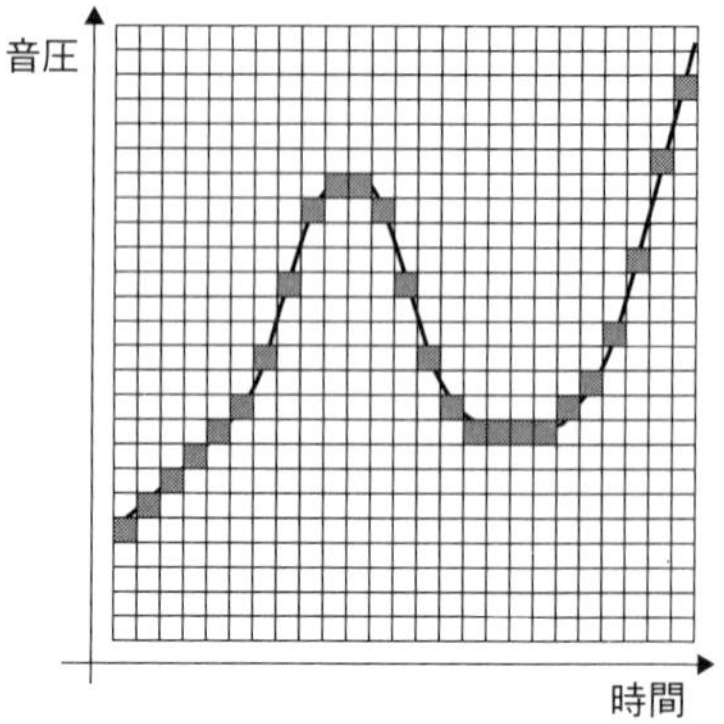

図５　音声データは一定時間(横軸１目盛り)ごとの音圧の値(縦軸の大きさ)を記録することで表わされる．横軸１目盛りごとに音圧の値をもつので，時間の総目盛り数が次元数となる．次元数はサンプリングレート数(１秒間の横軸の目盛り数)×秒数となる．

sから60ｆｐｓ程度で動画を表現する場合が一般的である。そして、フレームごとに静止画と同じ次元数が必要である。例えば、ハイビジョンで30ｆｐｓ、60秒からなる動画の次元数は、静止画の次元数の６２２万に30ｆｐｓと60秒を掛けて１１２億となる。動画の次元数は他のデータと比べても桁違いに大きい。

このように生成対象のデータは、数万から数百億といった次元数をもつ非常に高次元なデータである。

こうしたデータを生成するということは、それだけ大量の数値を正確に予測しなければいけないことになる。

データ生成は広大な海の中で島を見つけるようなタスク

ここまで生成タスクの対象データは高次元であると説明した。こうした高次元のデータは高次元空間中の点として表わすことができる。

例えば3次元からなるデータは、3次元空間中の点として表わすことができる。同様に、もし、画像が100万次元のデータであるとすれば、こうした画像は100万次元空間中の点として表わすことができる。そして、この100万次元という空間中のすべての点がそれぞれ、ありうる画像に対応している。例えば、ある点は横を向いている柴犬の画像に対応しており、別の点は海岸の画像に対応しているだろう。そしてほとんどの点は意味のない砂嵐のような画像に対応する（各画素の値をランダムに決めたら、ほぼ確実に砂嵐のような画像となるだろう）。

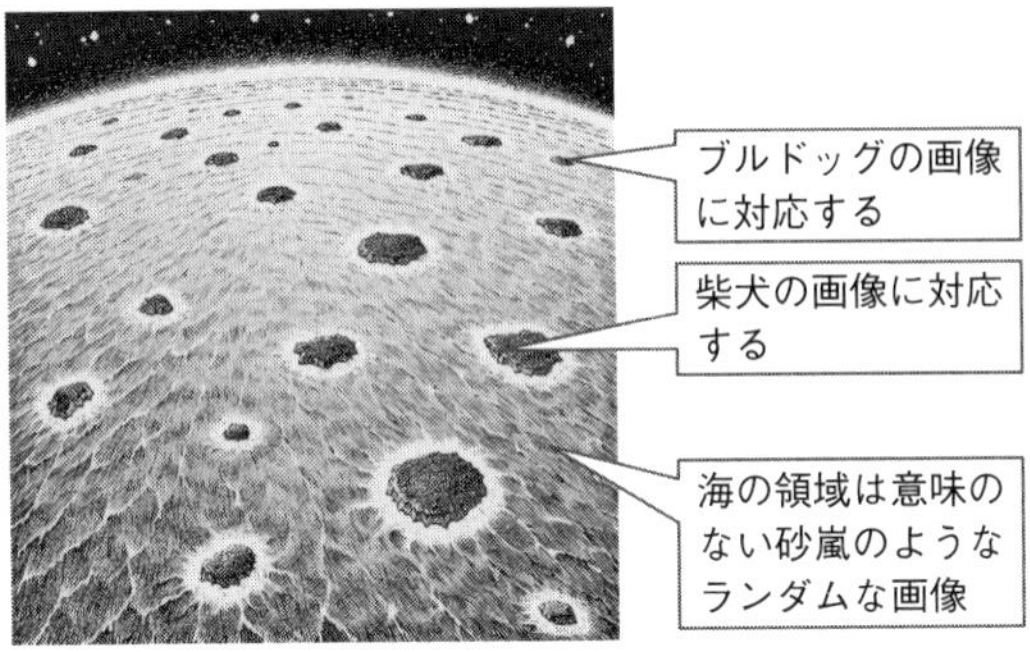

図6　データ生成の問題とは，広大な海の中に存在する陸地（生成候補）を網羅するような問題である．1つ1つの正しい生成候補の割合からするとほとんどが海であり，陸地となっている部分はほんのわずかである．背景画はChatGPT-4oをつかって作成．

そして、データ生成という問題は、この高次元空間中で生成しようとしているデータがどこにあるかを探すような問題とみなすことができる。

譬えるならデータ生成は四方に膨大に広がる海の中で島を探すようなタスクである（図6）。

このとき、各島が様々なデータ生成候補に

対応する。「犬」の画像を生成する場合であれば、ある島が「柴犬」に対応しており、他の島は「ブルドッグ」に対応しているだろう。

生成というタスクは、広大な海の中でこうした島をみつけるというタスクになる。

この海は恐ろしく広大である。そのため、適当な位置からスタートしランダムに適当な方向に進んでいったとしても、どこかの島にたどりつく可能性はまずない。また、島に近づくとしても、どのように近づけばいいのかすら簡単にはわからない。高次元空間では次元の数だけ進む方向があるのだ。

広大で奇妙な高次元空間

このように、高次元データを生成するというのは、高次元空間の中で生成対象となるデータを探し出す問題とみなせる。

生成対象を探す高次元空間は、人間の直感がうまく働かないほど広大である。人間は1次元から3次元の世界しか知らず、どうしても低次元空間での直感にひきずられてしまうが、高次元では低次元とはまったく異なる世界となる。以下でそれを表わすいくつかの例を示そう。

白黒画像で各画素（次元）の値が1（黒）か0（白）しかとらない場合において、次元数が増えたときに画像の種類数がどのように変わるのかを考えてみよう（図7）。

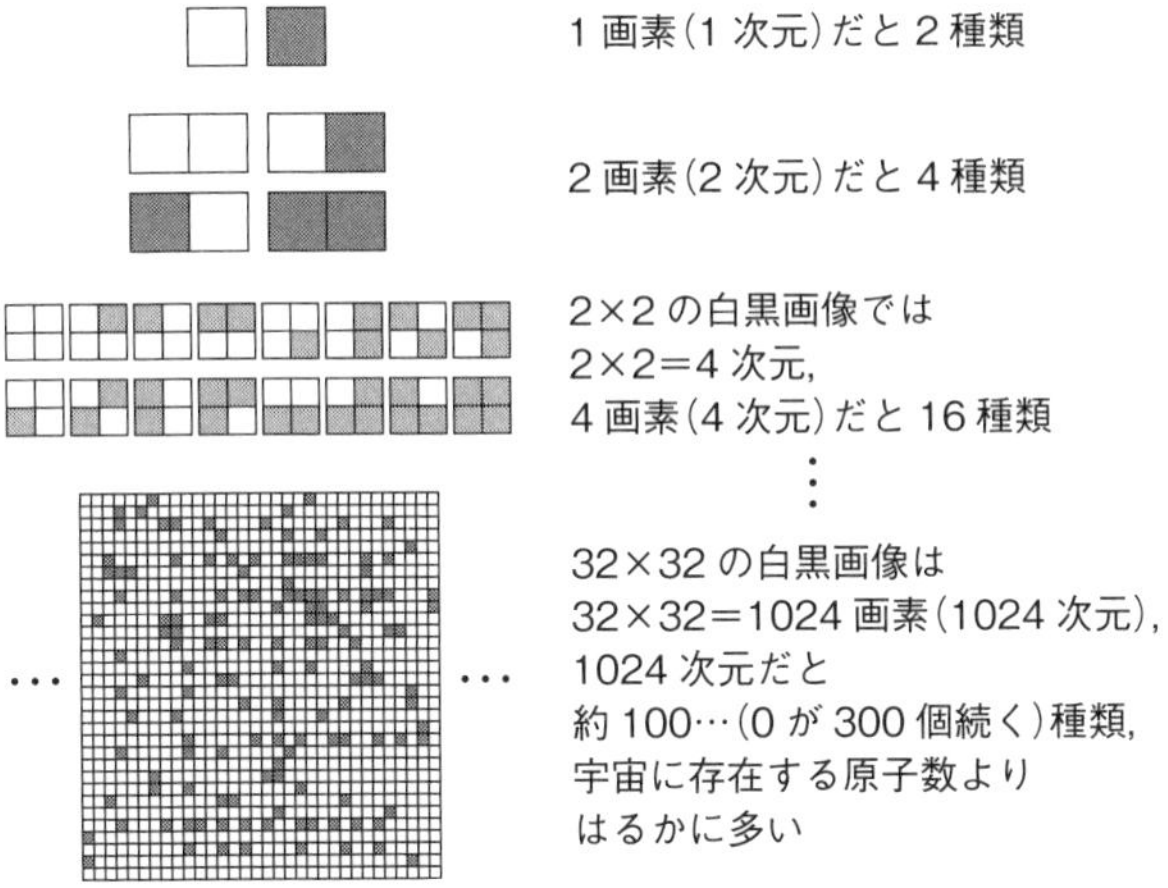

図7　高次元では種類数が爆発的に増加する．例えば白黒画像の種類数は次元数が1つ大きくなるごとに倍になり，1024次元の白黒画像の種類数は，1の後に0が約300個続く数まで増える．

1次元の場合、データの種類数は白と黒の2種類である。2次元の場合、データの種類の数は、白白、白黒、黒白、黒黒と4種類となる。このように、データの種類数は次元数が1つ増えるごとに倍になる。それでは縦横32×32からなる白黒画像のデータの種類数はどうなるかというと、次元数は32×32＝1024であり、データの種類数は2を1024回掛けた数となる。この数は1の後に0が約300個続くほどの大きな数となり、宇宙に存在する原子数(1の後に0が80個続く数)よりも圧倒的に多い。縦横がわずか32画素にすぎない小さな白黒画像の絵を生成するには、宇宙に存在する原子数よりも多い候補の白黒画像の中から正しい画

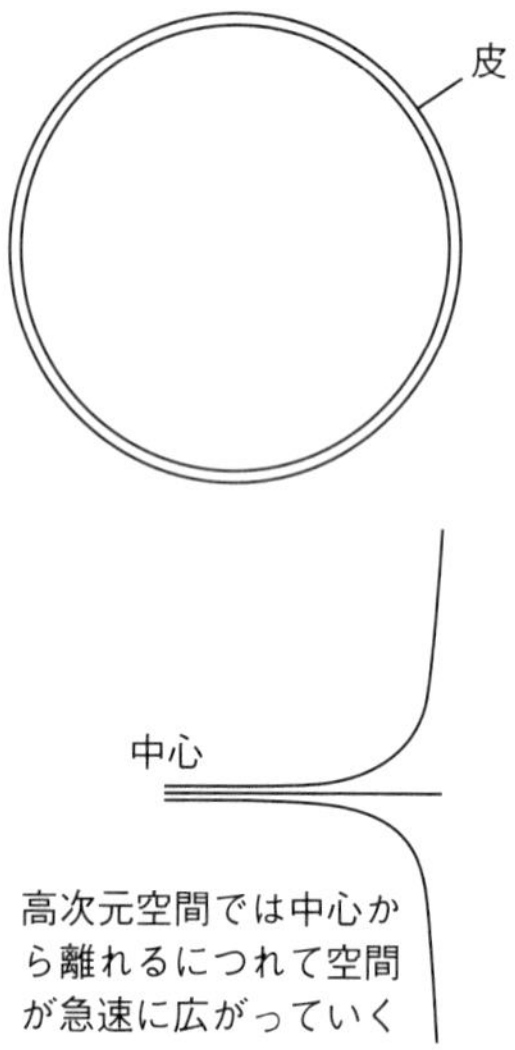
皮
中心
高次元空間では中心から離れるにつれて空間が急速に広がっていく

図８　上：直径 8 cm，皮の厚さが 0.2 cm のりんごを考える（図はその割合で描かれている）．3 次元空間において，りんご全体の体積の中で皮が占める割合は 14% である．下：これに対し，1000 次元空間においては外側に向かうにつれて空間が圧倒的に広くなり，りんご全体の体積の中で皮が占める割合はほぼ 100%（99.9…% と 9 が 22 個続く）となる．

像を求めなければならない。

このように、１０２４次元でそれぞれが２つの値しかとらない場合ですら、種類数はとても列挙できないほど大きい。高次元データはあっという間に種類数が増え、とてもすべてを網羅できないほど多くなってしまう。

従来の機械学習が成功していた分類や回帰といった問題は、これと比べると狭い範囲の候補値の中から正解の値を予測するという問題である。例えば１０００個のカテゴリのどれであるかを分類するという問題は、１０００種類の候補から１つ選ぶ問題である。これに対して生成問題では、とてもすべての値を列挙することは不可能なほど多くの種類の中から正解の値を求める問題となる。

次の例として、高次元空間は単に広いだけでなく、内側から外側に向かうに従って圧倒的に広くなっていく奇妙な空間であることを示そう。

例えば、私たちが日常世界を過ごす3次元空間で、直径が8cmのりんごを考える(図8)。皮の厚さが0・2cmだと仮定すると、りんご全体の体積の中で皮が占める割合は約14％と計算される。これに対し1000次元空間における同じ直径8cm、皮の厚さ0・2cmのりんごを想像してみよう。この場合、外側に薄く存在する皮の占める割合は圧倒的になって、ほぼ100％(99・9…と9が22個続く)になる。つまり高次元空間のりんごは、同じ皮の厚さでも、ほとんどが皮で占められていることになる。それほど外側に向かうにつれて空間が圧倒的に広くなるのである。

このように高次元空間はとてもすべての空間を見渡せないほど圧倒的に広く、中心から外側に向かうに従って急激に広がっていくという、低次元に生活する私たちからすると奇妙な世界である。生成問題は、この広大かつ奇妙な高次元空間の中で、生成対象のデータを探しだす問題をあつかわなければならない。

生成において正解の出力は1つだけではない

機械学習で生成問題を解くことが難しい2つ目の理由として、生成においては正解の出力の多様性があることが挙げられる。あらためて分類と生成のタスクを比較してみよう。分類の場合、正解となる値は1つだけである。例えば、動物の画像が与えられ、何の動物かを分

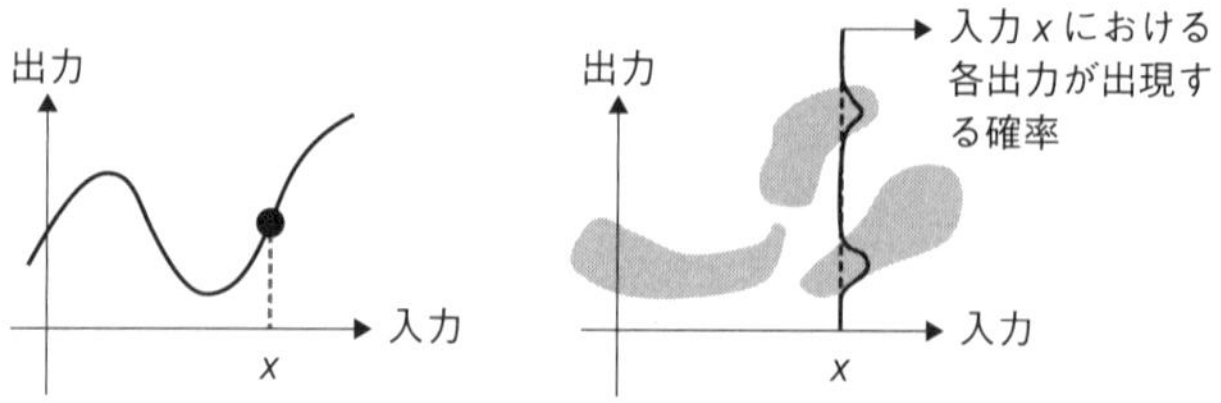

図9　左：通常の問題(分類／回帰)では入力に対し正解の出力は1つ，右：生成問題では入力に対して正解の出力(灰色の領域)は無数に存在する．生成では，これらをすべて出力できるようにならなければいけない．

類する場合は、正解は犬や猫など1つだけであり、1つの画像が同時に犬にも猫にも分類されることはない。

これに対して生成の場合は、正解として考えられる出力は無数に存在する(図9)。例えば条件として「夏休みの一日」という指示を与え、これに対応する画像を生成する問題を考えてみよう。この絵に対応する正解の絵は無数に存在する。例えば、海で遊んでいる絵もあれば、帰省している状況を表わした絵もあるだろう。

このように生成タスクでは1つの入力に対し無数の正解の出力候補がある。これに対し、一般に予測につかう関数は入力1つに対し出力1つを割り当てることしかできない。そのため、関数をそのまままつかって生成問題を解くことができない。1つの入力から無数の出力を与えられるように関数を工夫してつかうことになる。

また、複数の正解や目標があることは、学習や評価の際に何をもって正解とし、何をもって学習の目標にすればよいかを複雑にする。例えば、評価のために入力に対し正解となる絵をいくつか用意しておくとする。そして、ＡＩが絵を生成したとする。このとき、ＡＩが生成した絵と、正解の絵が一致したら良いといえるだろう。しかし、たまたま生成した絵と正解の絵が一致することはまずありえないだろう。さらに、もし一致していないとしても悪いとは言い切れない。生成した絵が、用意していた正解とは別の正解例である場合も多くあるだろう。

理想的には無数の正解の絵を用意し、モデル側も無数の絵を生成し、それらが一致しているかどうかを測ることができればよい。しかし現実的には、無数の正解例を用意したり、生成したりすることは、コストや計算時間の観点で難しい。

このように生成タスクでは、１つの値を当てられるように学習していくのではなく、無数の正解を当てられるように学習する必要がある。

多様体仮説――データは低次元に埋め込まれている

ここまで述べてきた課題があるため、高次元データの生成を実現することは不可能にみえるぐらい難しい。しかし、幸いにも、現在、生成対象となっているデータ(画像、音声、動画など)は、いくつかの条件を満たすおかげで、それらを生成することができる。その条件を１つずつ紹介していこう。

１つ目は多様体仮説である。世の中の多くのデータは、みかけ上の次元数よりもずっと少ない数のパラメータで表現できる空間に分布していると考えられている。この仮説を多様体仮説とよぶ。

例えば、顔画像を考えてみよう。顔画像はみる向きを少し変えたり、照明を少し変えたりするのに従って滑らかに変化していく。こうした変化は画素単位でみれば非常に複雑に変化するが、その変化は非常に少ない数のパラメータで表現できる。顔の向きであれば向きを表わすためのパラメータがあれば表現できるし、照明であればその位置や種類や強さがあればよい。また、顔のバリエーション自体も、想像するよりもずっと少ない数のパラメータで表わすことができるとわかっている。

このように、みかけ上よりもずっと少ない数のパラメータで表わされ、かつ、その上で滑らかに変化する空間は、多様体という概念で説明できる。多様体は局所的には平坦な空間に似ているが、大域的には曲がっているような空間を指す。

例えば、地球の表面は2次元の多様体とみることができる。地球上の小さな領域だけをみれば、ほぼ平面のようにみえる。しかし、地球全体をみれば、それは曲面になっている。このように、多様体は局所的には平坦な空間に似ているが、大域的にはより複雑な構造をもっている。同様に、生成対象が織りなす世界も低次元の多様体と考えることができる。

あらためて、顔画像のデータセットを考えてみよう。各画像は非常に高次元な空間中のデータ点として表わされる。しかし、これらのデータ点の集合は「顔の多様体」とよばれる高次元空間に埋め込まれた低次元の多様体に対応する。これらの多様体上の点と高次元空間の点は対応しており、多様体上を少し移動すると、それに対応する顔画像の方も少しずつ変化する(図10)。

高次元空間中では生成対象のデータは全体のほんの一部分にしか存在せず、まるで泡の膜のように空間中の一部分に薄く分布している。これに対し、対応する低次元の多様体では中身がすべてつまっており、すべての位置にぎっしりとすべてのデータが分布している(パラメータをどのように変えてもそれに対応するデータが存在する)。ここで注意しておきたいのは、多様体上の近さと元のデータ空間中の近さは一致しないこともあることだ。例えば顔画像全体が1画素分左にずれたとする。この顔画像は元の画像とよく似た画像であり、多様体上で

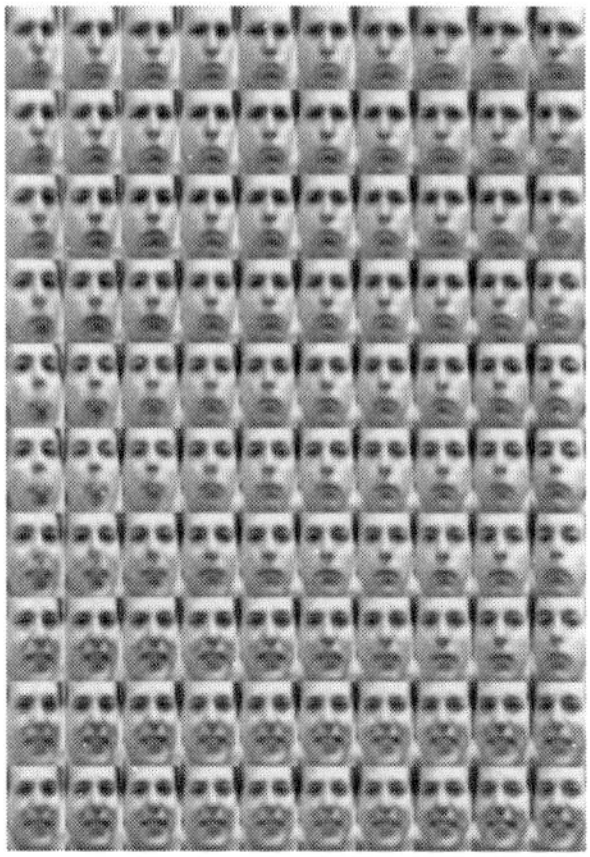

図 10　顔の多様体の例．顔画像は向きを変えるパラメータで複雑な生成候補を網羅できる．このように興味のあるデータは見かけ上の次元数(この場合は画像の次元数)よりもずっと少ないパラメータで表現できると考えられる．画像は変分自己符号化器(VAE, 第 2 章参照)による．D. P. Kingma & M. Welling, “Auto-Encoding Variational Bayes”, ICLR 2014 による．

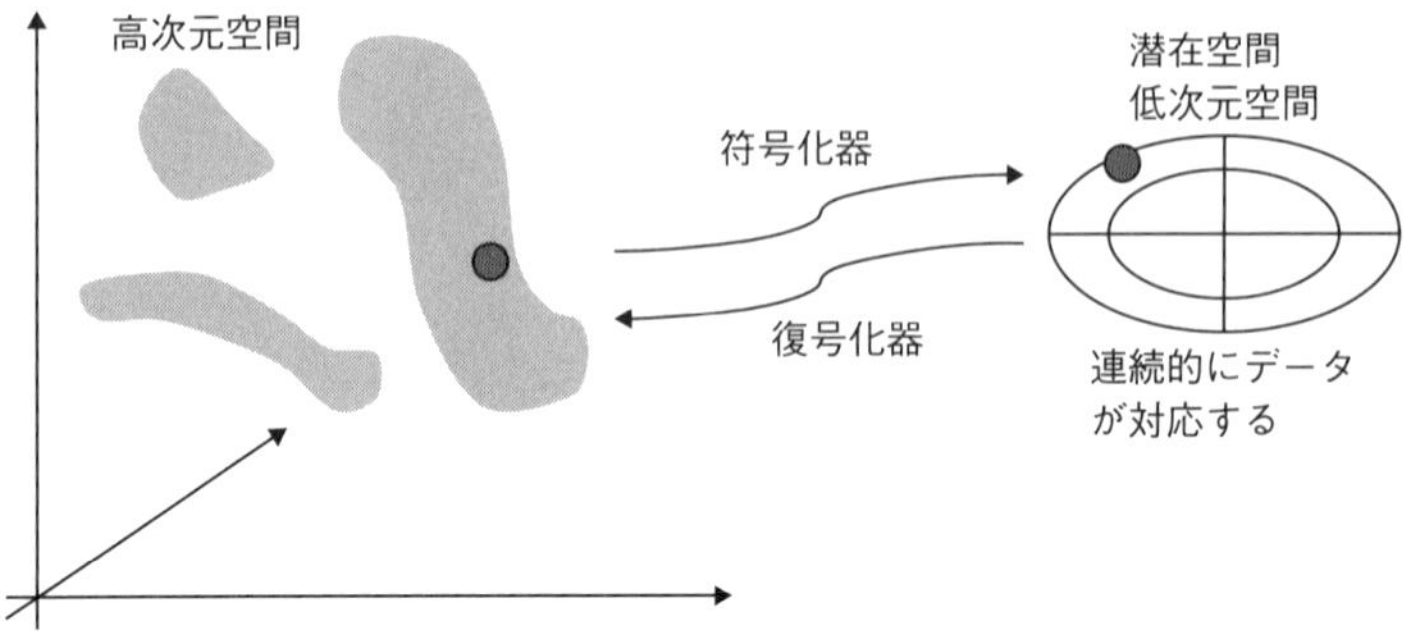

図 11　多様体仮説によれば，世の中の興味のあるデータは空間中の見かけの次元数よりずっと小さい次元数の空間で表わすことができる．データ空間中のデータを符号化器で潜在空間に射影したり，逆に潜在空間中のデータを復号化器でデータに復元できるようになることが，生成を学習する際の１つの目標．

は近くにあるはずだが、元の高次元空間上ではまったく違う位置にある。

このように、多様体上では元の情報を非常に圧縮した形で表現できている。元の高次元空間では数百万次元であるのに対して、多様体上では例えば、照明条件、顔の向き、顔の種類といったものを考えても、数百から数千次元で表わすことができるだろう。

このような多様体という新たな空間に分布するデータを考え、多様体とデータ空間とを相互変換するしくみがあれば、生成ができることになる（図11）。

生成モデルの大きな目的の１つは、この多様体の構造と、多様体とデータ空間の間を変換する方法を学習することだといえる。つまり、生成モデルとしては、高次元空間中でデータを構成する多様体がどのように分布しているかをみつけ、その多様体から新しいデータを生成できるようになることが重要である。うまく多様体をみつけられれば、みかけ上の高次元ではなく、低次元の空間中でデータ生成問題をあつかうことができる。

このように多様体は高次元データの性質を理解し、生成モデルを構築する上で重要な概念である。

対称性——データには変換に対する不変性がある

生成問題を解決可能にする2つ目の重要なポイントが対称性の存在である。

世の中は対称性に満ちあふれている。例えば、人の顔や体は完全ではないが左右対称な形をしている。雪の結晶はきれいな六角形や十二角形の形をなしている。

さらに対称性は、こうした形状や見た目だけに成り立つものではない。より一般には、何らかの変換を適用した前後で変化しない性質をもつ場合に、その変換に対して対称性があるという。

例えば左右対称というのは、真ん中に鏡を置いて、左側半分を鏡に映して右半分に投影させたとしても形状が変わらないことを指す。また、六角形における対称とは、中心を軸にその形を6分の1だけ回転させても形状が変わらないことを指す(図12)。

私たちが生きる世界はミクロな世界でもマクロな世界でも、様々な対称性に満ちあふれているのである。

そして、生成対象となるデータにも同様に多くの対称性が存在する。例えば画像データは、縦、横に平行移動させたとしても意味は変わらない。これを並進対称性があるとよぶ。また、衛星画像などでは、画像を回転させたとしても意味は変わらない。これを回転対称性があるとよぶ。音声の波形データは時間を前後させたとしても意味は変わらない。これを時間移動対称性（不変性）があるとよぶ。

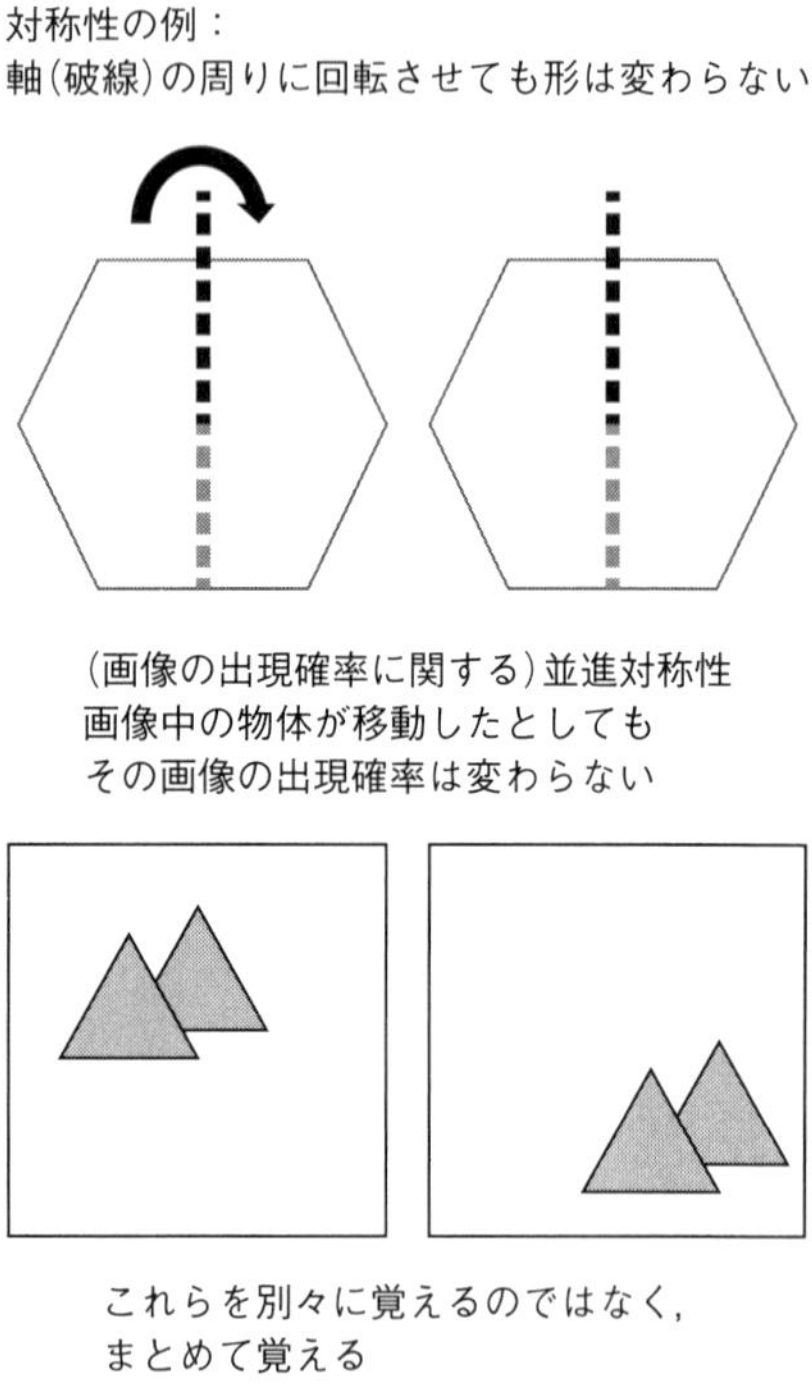
対称性の例：
軸(破線)の周りに回転させても形は変わらない
(画像の出現確率に関する)並進対称性
画像中の物体が移動したとしても
その画像の出現確率は変わらない
これらを別々に覚えるのではなく，
まとめて覚える

図12　対称性があるとは，ある性質について指定された変換を適用しても性質が不変であることを指す．生成方法を学習する際にも対称性を考慮することで，学習しなければいけないルールや法則を劇的に減らせる．

化合物データや点群データ(形状を表わす)の場合は、座標軸をどのようにとるかによらず、データの意味は変わらない。この場合もデータに並進や回転不変性があるといえる。

こうした生成対象のデータがもつ対称性は、生成対象の候補の種類数を劇的に減らすことに役立ち、探索するデータの海を劇的に狭くできる。

例えば画像生成では、ある位置で生成する方法を学んでおけば、それを並進させた場合を別々に覚えておく必要はない。それらは同じ対象を単に移動させた結果として学習させておけばよい。

自然界にみられるデータはこのような対称性に満ちており、人間が気づいていない対称性も無数にある。生成しようとしているデータに対称性がみられれば、学習しなければいけないルールや法則を劇的に減らすことができる。

構成性——データは多くの部品の組み合わせで成り立っている

また、世の中の多くのデータは構成性を備えている。構成性とは単純な部品の組み合わせによって成り立っていることを指す。例えば、画像データを考えた場合、そこに写っている複数の物体や背景が組み合わさって画像はできていることがわかる。それらの物体や背景もさらに、複数の構成要素から成り立っていることがいえる。

この場合、例えば画像の生成方法を学ぶ際、月の描き方を学び、海岸の描き方を学び、街の描き方を学んでいれば、これらを組み合わせて街の近くの海岸に月が浮かんでいる画像を生成できる。

組み合わせの数は膨大になる。１００個のものから10個組み合わせる方法を考えると17兆通りにもなる。構成性があることによって膨大な数の変種を個別に覚えずに効率的に学べる。

このように生成する対象に構成性があれば、作り方を学ぶ際に、問題を部分ごとに分割し、それぞれの部分の生成方法を学び、またそれらの部分の組み合わせ方を学びさえすればよい。非常に複雑なデータの生成方法を学ぶことができることになる。

以上のように生成対象のデータが、多様体としての性質、対称性、構成性をもっていると、たとえそれが高次元データであったとしても、有限のデータから効率的に生成方法を学習することができる。

コラム ◉ データがもつ特性は人が与えるのか、自ら学習するのか

身の回りの世界の生成対象データがもつ特性として、多様体としての性質、対称性、構成性について紹介した。こうした特徴は人（ＡＩモデルを作る人）が設計して導入することもあれば、学習の過程でＡＩモデルが勝手に獲得することもある。特に対称性、構成

性については、人が設計して導入する場合もあるが、モデルが学習の過程で自動的に獲得している場合が多いこともわかっている。

現在、生成モデルを作るのにつかわれているニューラルネットワークとよばれるモデルは、これらの特性を与えて設計される場合もあるし、学習の過程で、対称性や構成性を利用した学習をモデル自体が実現することもわかっている。

まとめ

この章では、生成を学習することが難しい理由として、生成対象が高次元データであり、出力に多様性があることを説明した。これらを解決する条件として、データがみかけより小さい次元の多様体に埋め込むことができること、対称性や構成性をもっていることを示した。こうしたデータがもつ性質を機械はどのように獲得し利用できるのか。これについては次の章で生成ＡＩの歴史として述べていこう。

2　生成ＡＩの歴史

ＡＩによってデータを生成しようという試みには長い積み重ねがあった。そもそも生成とは何なのか、何をどのように学習すればよいのかについて、少しずつ理解が進んできた。この章ではこの数十年の取り組みの歴史を紹介し、どのように進展してきたのかを述べる。

記憶のしくみ

データを生成する最初の試みは、人間の記憶のしくみの再現から進んだ。

人は一度見たり聞いたりしたものを頭の中で再現することができる。また、それらをもとに新しい状況を想像することができる。例えば、月の上でうさぎが餅をついている様子を頭の中で想像してみてほしい。この場合、その状況を一度もみたことがなくても、月やうさぎ、人が餅をついている過去の記憶をつなぎ合わせることで、この状況を想像することができている。このように何かを生成するという場合、過去の記憶を思い出す能力、そしてそれらを操作する能力が求められる。

計算機はデータを正確に保存するのが得意であり、一度覚えたデータを誤りなく永遠に保存することができる。計算機は大量のデータを正確に記憶する点では、人間よりもはるかに優れているといってよい。

しかし、記憶したことを必要に応じて思い出す能力になるとどうだろうか。人間は連想記憶が得意であり、何かを考えているときに関連する事柄やイベントを思い出すことができる。記憶は個別に格納されず、お互いネットワークのような形でつながっている。そして、ある刺激をきっかけとして、関連する情報を思い出すしくみを備えている。

このように、記憶という能力は、単に保存する能力にとどまらず、思い出す能力とセットになっており、両方が実現されて初めて自由自在に過去の記憶をあつかうことができる。人も何かを忘れる場合には、記憶自体が失われるためだけでなく、それを思い出す方法が失われるために忘れてしまう場合が多いと考えられている。

計算機は、このような刺激に応じて関連することを思い出すというしくみをもともと備えておらず、あらかじめ決められた方法、手順でしかデータを思い出すことはできない。例えば「運動会」というキーワードから、人は様々な運動会に関連する記憶（映像、音、転んだ時の痛みなど）を思い出すことができるが、計算機では同じような記憶のしくみをそのままでは実現できない。

イジングモデルからホップフィールドネットワークへ

計算機に、人と同じように入力の刺激に応じて関連する記憶を思い出すしくみを導入する試みは、早くから行なわれてきた。その実現に用いられたのは、物理現象を理解するために提案されたイジングモデル(またはイジング模型)である(図13)。

イジングモデルは1920年にドイツの物理学者ヴィルヘルム・レンツおよび彼の指導学生エルンスト・イジングによって考案された。イジングモデルは、結晶構造のように格子状に並んだ多数の粒子をあつかうモデルである。各粒子はスピンとよばれる状態をもち、上向きか下向きかの2状態のどちらかをとる。このモデルでは、各粒子の状態にもとづいて全体のエネルギーが定義される。エネルギーは隣接する粒子の向きが揃っているほど低くなり、また、粒子ごとにどちらの向きの方がエネルギーが低くなるかが決まっている。この2つの合計として全体のエネルギーが定義される。

このように定義されたエネルギーをもとに、イジングモデルにおける各粒子の状態は、全体のエネルギーが低くなる方向に自発的に変化する。この際、粒子は隣接する粒子と同じ向きになりたいという目標と、粒子ごとに定められたエネルギーが低くなる状態になりたいという目標の2つにもとづいて、状態の調整がなされる。イジングモデルは実際の物理現象を単純化したモデルであるが、このモデルをつかって物体の状態が急激に変わる現象である相転移や磁性体など、様々な物理現象を調べることができる。

イジングモデルのしくみを用いて、ニューラルネットワーク(巻末付録参照)をつかって記憶をあつかおうとする試みは、1971年に中野薫、1972年に甘利俊一によって最初になされた。1982年にはジョン・ホップフィールドによって再提案され、その理論的なしくみが解明されると共に広く注目されるようになった(本章末のコラム「ノーベル賞2024年」参照)。このネットワークは現在、ホップフィールドネットワークとよばれる。

ホップフィールドネットワークでは、各ニューロンがイジングモデルにおける粒子の役割を果たし、ニューロンの状態とデータの各次元の値が対応する。そして、イジングモデルと同様に、ニューロン間の相互作用やニューロンごとの状態に応じて全体のエネルギーが定義される。ニューロンは全体のエネルギーが低くなるように自発的に変化していき、エネルギーがより低い状態に到達することを目指す。

イジングモデルとホップフ

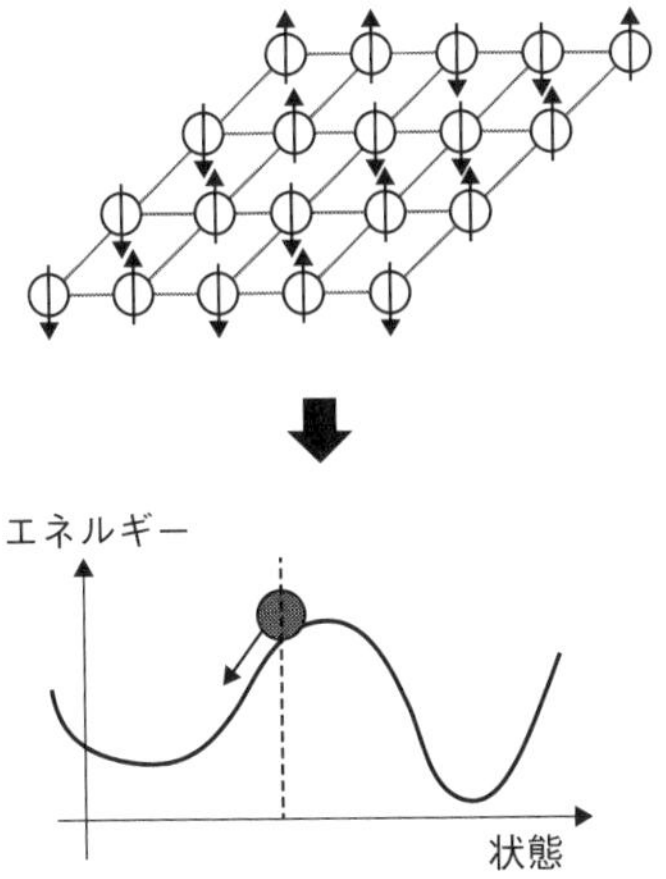

図13　上：イジングモデルは粒子ごとにスピンとよばれる状態をもち，上向きか下向きかの2状態をとる．下：状態に応じてイジングモデルの全体のエネルギーが決まる．エネルギーが低い状態になるように自発的に変化する．

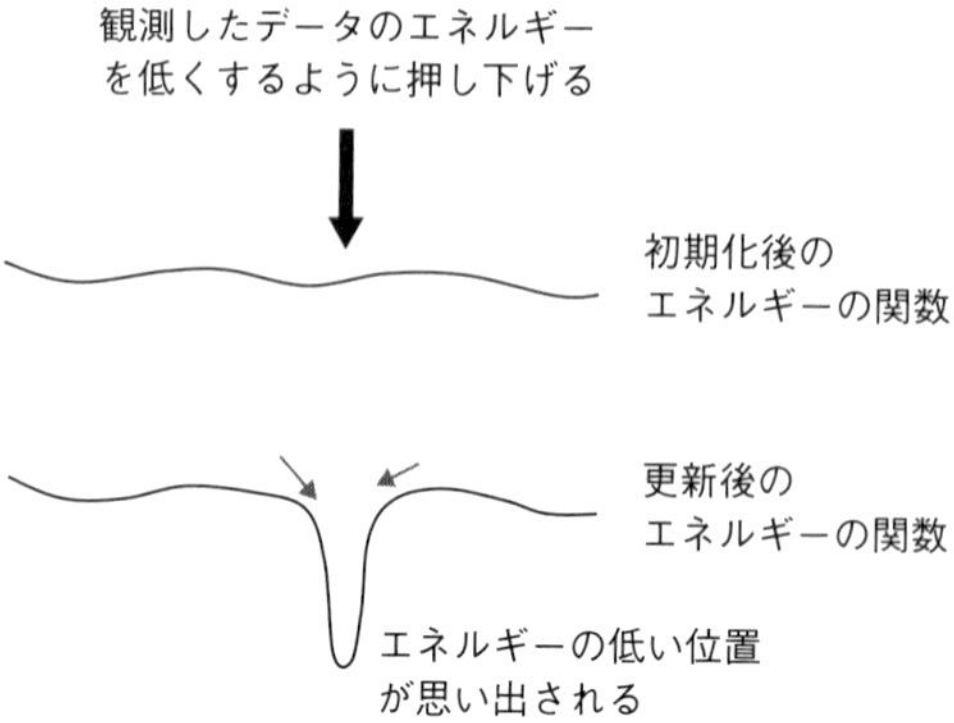

図 14　記憶する際は，観測したデータのエネルギーが低くなるように更新される．思い出す場合はエネルギーが低くなるように状態を更新していくと，観測したデータを思い出せる．

イールドネットワークの大きな違いは、イジングモデルでは粒子間の相互作用や粒子ごとに好まれる状態は外から定義して与えていたのに対し、ホップフィールドネットワークではこれらがパラメータとして学習によって決まる点である。具体的には、観測したデータに対応する状態になったときにエネルギーが低くなるようにパラメータが更新される（図14）。逆に、観測していないデータに対応する状態のエネルギーが相対的に高くなるようにする。この更新は、ヘブ則とよばれる更新則に従ってニューロン間の重みを書き換えていくことで達成される。

そして、新たにデータを生成する際はニューロンの状態を適当に初期化し、エネルギーが低くなるようにニューロンの状態を更新していくことで、学習時にみたようなデータを生成できる。初期値に応じて、エネルギーの低い異なる状態に到達し、学習時にみた様々なデータを思い出すことができる。

この場合、必ずしも学習データとまったく同じデータではなく、異なる新しいデータを生成するようにもなる。パラメータを更新する際に、他の様々な異なる状態のエネルギーも同時に低くなっているためである。機械学習における汎化(巻末付録参照)と同じことがおきている。

なお、脳内の神経網でも、ヘブ則をはじめとするホップフィールドネットワークの学習則と類似した現象がみられるため、実際の脳における学習則とこうした学習との関連性が盛んに研究されている。

ホップフィールドネットワークはその後も発展している。最初は各ニューロンがイジングモデルのように2つの値をとる方法のみであったが、連続値をとる方法も提案された他、近年提案されたモダン・ホップフィールドネットワークはエネルギー関数を工夫することで、非常に多くの低いエネルギーの状態を表現できるようになり、大量の記憶が可能になっている。

エネルギーベースモデルとは

ホップフィールドネットワークのように、エネルギーにもとづく生成モデルは、本書全体を通して重要なテーマであるため、ここで詳しく説明する。このようなモデルはエネルギーベースモデルとよばれる。

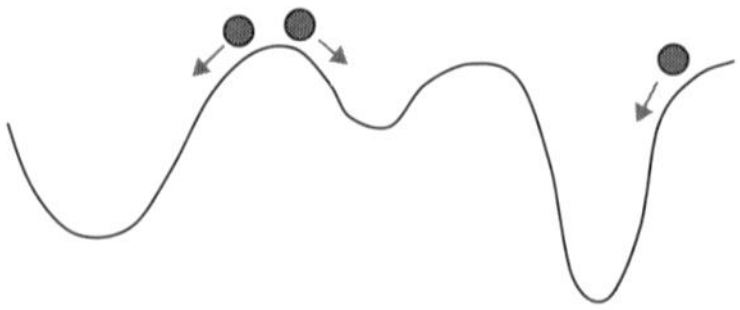
周囲に比べて低くなっている位置は
別々の記憶に対応（例えば犬の画像
データを記憶した場合は，それぞれ
柴犬，ブルドッグ，など）

図15　適当な位置に置いたボールはエネルギー（高さ）が低くなる方向に向かって自発的に転がっていく．周囲に比べて低い位置が各記憶に対応し，エネルギーが低くなる方向に転がることが，思い出すことに相当する．

本書で述べるエネルギーは、正確には自由エネルギーである。物理世界において、系（考察の対象）のエネルギー（内部エネルギーとよばれる）は自由エネルギーとその他に分けることができる。熱力学第二法則により、系の自由エネルギーは減少する方向に自発的に変化する。本書では、単にエネルギーという場合、自由エネルギーを指すものとする。

エネルギーによる自発的な変化は次の例で考えるとわかりやすい（図15）。状態空間が水平方向に広がり、エネルギーが高さとして表現されるような地形を考える。ボールの位置が状態に対応する。このとき適当な位置に落としたボールは、低い位置に向かって自発的に転がり、最終的に周囲より低い位置にとどまる。これをエネルギーベースモデルの言葉で言い直すと、適当に初期化した状態から、エネルギーが低くなるように状態が自発的に更新されていき、エネルギーが周囲より低い状態に到達する、ということになる。

エネルギーのしくみを用いた生成モデルは次のように実現される。位置を与えるとそのエネルギーの値を返すようなエネルギー関数を用意する。エネルギー関数はパラメータによって関数の形を変えることができるとする。さきほどの例ではニューラルネットワークをつかってエネルギー関数を表わしており、ニューラルネットワークのパラメータがエネルギー関数のパラメータである。以降では位置と状態は同じ意味であるとする。

ある情報（状態）を記憶させる場合を考える。このとき、その位置のエネルギーが低くなるようにエネルギー関数を更新する。これは地形の一部を押し下げてへこませるような操作に対応する。逆に記憶対象でない位置は相対的に高くなるように更新される。こうして記憶したい対象がエネルギーが低い位置にあり、それ以外が高い位置にあるようにする。

このようにすれば、次に思い出すときにはエネルギーを低くした場所が思い出せることになる。またエネルギー関数はパラメータで表わされると説明した。この場合、ある位置のエネルギーを低くするようにパラメータを更新すると、無数の他の位置のエネルギーの値も変わることになり、エネルギーが低くなったり、高くなったりする。これによって学習時にみたことがないようなデータが生成される汎化がおこることを期待する。

適当な位置にボールを置き、低い位置に向かって転がすことで、ボールは記憶対象の状態に到達する。例えば、犬の画像を記憶するように学習されたエネルギー関数では、エネルギーが低い位置に各犬の画像が対応する。例えばある場所は柴犬、別の場所はブルドッグに対応している。そしてどの犬の画像を思い出すかは、どこからスタートしたかという初期位置によって変わる（図15）。

エネルギーベースモデルは連想記憶を自然に実現する

エネルギーベースモデルの大きな特徴は、ある刺激をもとに他の記憶を思い出すという連想記憶を自然に達成できることである。これを説明しよう。

例えば、犬の画像の上半分だけをみて下半分を補完する場合を考える（図16）。この場合、画像上半分に対応するニューロンを実際の観測値に設定し、下半分は適当に初期化する。画像としてみれば上半分が犬の画像、下半分は砂嵐のような画像に対応する。そして、上半分のニューロンは固定したまま、下半分のニューロンだけを全体のエネルギーが低くなるように更新していく。このとき、補完する下画像は、上半分の画像と調和する画像であればエネルギーは低くなり、そうでなければエネルギーは高くなっている。こうして上半分の画像を手がかりにして下半分の画像を補完できる。一部の状態をもとに、それに対応する調和のとれた残りの状態を、エネルギー関数を用いて探し出すことができるのである。また、逆に、下半分の画像を固定して、上半分を補完することも可能である。このような連想記憶として望ましい双方向性も自然に実現できる。

このようにエネルギー関数を定義し、エネルギーが低い領域と記憶を対応づけることで、様々な連想記憶を自然に実現できる。例えば、テキストと画像のペアに対してエネルギーを割り当てる場合を考えてみよう。実際に観測したテキストと画像のペアに対してエネルギー

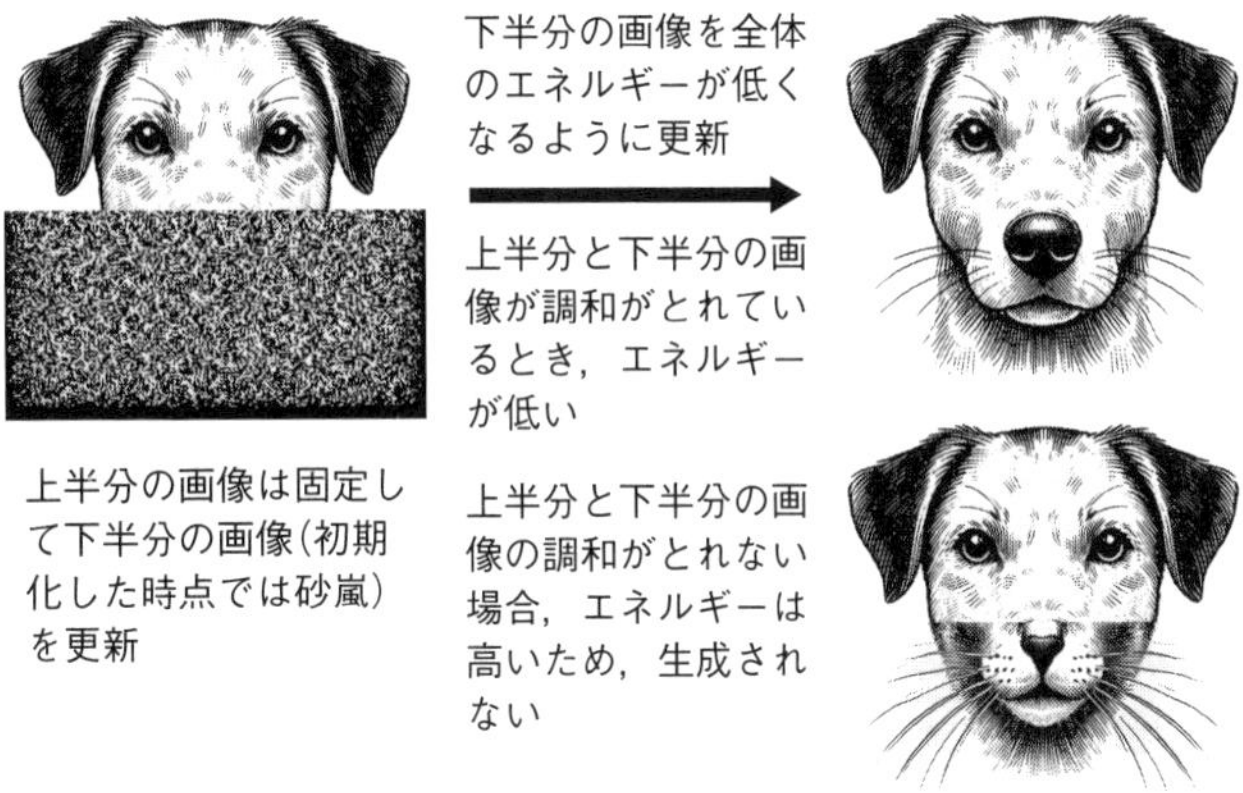
下半分の画像を全体のエネルギーが低くなるように更新
上半分の画像は固定して下半分の画像(初期化した時点では砂嵐)を更新
上半分と下半分の画像が調和がとれているとき，エネルギーが低い
上半分と下半分の画像の調和がとれない場合，エネルギーは高いため，生成されない

図16 エネルギーベースモデルは連想記憶を自然に実現できる．犬画像の上半分の画像を与え，全体のエネルギーが低くなるように下半分の画像を更新していくと推定できる．上半分の画像と下半分の画像の調和がとれている方がエネルギーが低くなる．

が低くなるように学習し、それ以外のペアについてはエネルギーが高くなるようにする。この場合、テキスト側を観測値に固定し、画像側は適当に初期化する。そして、エネルギーが低くなる画像の状態を求めることで、テキストに対応する画像を生成できる。エネルギーベースモデルは、このように連想記憶を自然に実現できる。固定した側を生成の条件と考えると、条件付き生成を実現していることになる。

エネルギーベースモデルは生成モデルとして注目され、ホップフィールドネットワーク以外にもボルツマンマシンやビリーフネットワークなど、様々な手法が登場した。

エネルギーと確率との対応：ボルツマン分布

エネルギーは確率とも密接な関係をもっている。物理世界においてはエネルギーと確率はボルツマン分布によって相互に変換できる。これを説明しよう。

物理世界において、物体は無数の粒子から構成されており、これらの粒子はそれぞれ異なる状態、そして異なるエネルギーをもっている。例えば、気体中のある分子は高速で動いたり回転して高いエネルギーをもっているし、別の粒子はほとんど停止しており低いエネルギーをもっている。このように、粒子ごとにエネルギーがばらつくため、常温でも水の中でたまたま高エネルギーをもっている水分子が蒸発するといったことがおこりうる。

集団の中で粒子のエネルギーがどのように分布しているかについては、ボルツマン分布とよばれる分布でよく近似できることがわかっている。この分布は、高温で密度の低い粒子の集合の分布をよく表わすことができる。ここではその数式を示すことはしないが、その特徴を示す。1つ目に、ボルツマン分布ではエネルギーが低ければ低いほど、確率は大きくなり、逆にエネルギーが高いほど確率は小さくなる。2つ目に、温度が高くなると確率分布は一様に近づき、逆に温度が低くなるとエネルギーが一番低い状態のみが確率1をもつような確率分布となる。

ボルツマン分布はニューラルネットワークにおいて出力を確率分布に変換する関数（ソフ

トマックス関数）としても広く知られている。この場合も、与えられた出力を負のエネルギーとみなし確率分布に変換する。

ランジュバン・モンテカルロ法の原理

このボルツマン分布という確率分布が、エネルギー関数とどのように関係しているのかの理解を深めるため、与えられたエネルギー関数からそのボルツマン分布に従ってデータをサンプリングする方法を紹介する。

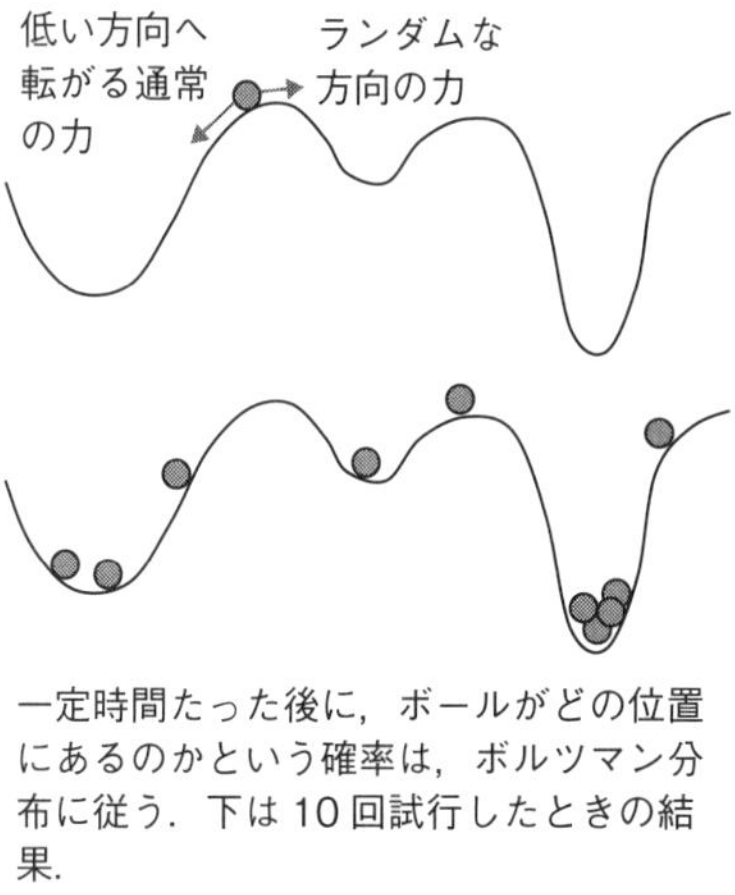

低い方向へ転がる通常の力
ランダムな方向の力
一定時間たった後に，ボールがどの位置にあるのかという確率は，ボルツマン分布に従う．下は 10 回試行したときの結果．

図 17　ボールが転がる際に，ボールにはランダムな方向に力が加わる．このとき，十分な時間がたった後にボールがどの位置にあるかという確率はボルツマン分布に従う．このようにして，データをボルツマン分布に従ってサンプリングする方法をランジュバン・モンテカルロ法とよぶ．

さきほどと同様に、エネルギーを高さ、状態をボールの位置として考え、ボールを転がしていくことを想像する（図17）。ただし、転がる際に常にランダムな方向からボールに力が加わる状況を追加で仮定する。この外力は温度が高いほど強くなるとする。

このとき、ボールは低い方向に向かって転がっていくが、必ずしも最も低い位置にとどまるわけではなく、外からのランダムな力によって常に揺れ動き続ける。その結果、ボールが少し高い位置にとどまることもある。また、周辺の高い壁を乗り越えることもある。

温度が低ければ外力は小さくなり、エネルギーの低い状態にとどまりやすい。逆に温度が高ければ、エネルギーの高い状態にも時々は存在することになる。

このとき、ボールを転がし続け、十分な時間がたった後にボールがどの位置にあるかという確率は、ボルツマン分布に従うことを示すことができる。このようにしてデータをボルツマン分布に従ってサンプリングする方法を、ランジュバン・モンテカルロ法とよぶ。

まとめると、各状態／データにエネルギーが割り当てられているとき、ボルツマン分布を用いて、そのエネルギーを確率分布に変換することができる。逆に確率分布をエネルギーに変換することもできる。エネルギーは高さを表わし、状態はエネルギーが低くなる方向、すなわちボールが坂道を転がり落ちるように低い方向に向かって落ちていく。エネルギーが低ければ低いほど、その状態の確率が高く出現しやすいことを意味する。

エネルギーベースモデルの致命的な問題

エネルギーベースモデルは記憶、特に連想記憶を自然にあつかうことができるため、生成モデルとして有望視されてきた。だが残念ながら、そのままではいくつかの致命的な問題がある。以下に、主な問題点を説明する。

1つ目の問題点はサンプリング、つまり生成がとても遅いということである。さきほど説明したようにエネルギーが与えられたとき、ランジュバン・モンテカルロ法を用いてサンプリングが可能であるが、十分な数のステップ数を費やさないと正しいサンプリングにならない。例えば、小さなでこぼこが続く平面に1カ所だけ深い穴がある場合、ランダムにボールを動かしてこの深い穴にたまたま落ちるには非常に長い時間がかかる。また、確率が低い（エネルギーが高い）領域を乗り越えるには非常に多くのステップ数を必要とする。このように、複雑なデータ分布をあつかうエネルギー関数では、エネルギー曲面が複雑であり、確率分布に従ってサンプリングするには非常に長い時間がかかる。

2つ目の問題点は学習もとても遅いことである。学習においては、観測した状態に対応する位置のエネルギーを低くし、それ以外の位置のエネルギーが相対的に高くなるようにパラメータを更新する。特に後者の、観測以外の位置のエネルギーが高くなるようにするのを保証するためには、パラメータを変えたときに、すべての位置のエネルギーがどう変わるのかを把握しなければならない。高次元空間は非常に広いため、すべての位置のエネルギー変化を把握するのは難しい。そのため、ある位置のエネルギーを下げると、他の調べられていない無数の位置のエネルギーが意図しない形で変わってしまうということがおこりえる。

これらの問題により、エネルギーベースモデルは理論的には美しいが、大規模な学習問題にはそのままでは適用が難しいとされている。

コラム◉現実世界は超巨大なシミュレーター

現実世界の粒子のエネルギー分布はボルツマン分布に従うと説明した。例えば、重さ1gの水には1の後に0が22個続く膨大な数の水分子が含まれている。また、それらの水分子は1秒の間にも様々な状態をとることができる。そのため、1つの分子にとっては非常に低い確率でしかおきない現象でも、マクロなスケールでは（水分子の数も、とりうる状態の数も、膨大になるから）十分大きな確率でおきることになる。

これは言い換えると、現実世界は非常に巨大で高性能なシミュレーターである、ということだ。現在最も高性能な計算機でもとても実現できないような膨大な量のシミュレーションができている、といえるからだ。計算機にできることは、現実世界のほんのわずかな部分を近似することでしかない。そのため、現実世界とは違って、いわば様々なトリックをつかって、めったにおきないような現象をねらっておこしていく必要がある。

本書で紹介する拡散モデルも、そのようなトリックを実現する手法であるといえるだろう。エネルギーベースモデルをそのままつかったのでは大変な時間がかかってしまう問題を、拡散モデルという技によって高速に解くことができるようになる。

空間全体の情報を支配する分配関数

エネルギーベースモデルはボルツマン分布という確率分布に変換できると説明した。

確率分布についておさらいしよう。確率分布とは、おきうる各事象に対して0以上の確率を割り当てたものである。そして、すべての事象に割り当てられた確率の合計がちょうど1となる必要がある。例えば、サイコロをふって何が出るかを考えた場合は、それぞれの目が出る確率は6分の1という確率分布であるし、明日の天気の場合は、晴れ、くもり、雨になる確率が例えばそれぞれ2分の1、3分の1、6分の1といった確率分布となる。

それぞれの事象に適当に確率を割り当てると、合計が1とはならない。適当に割り当てて作った分布を確率分布とするには、各事象に適当に仮の確率を割り当てた後に、合計値が1となるように、各確率を合計値で割ればよい。例えば、3つの状態「晴れ」「くもり」「雨」に確率を割り当てる場合、それぞれに0・7、0・6、0・3といった仮の値を適当に割り当てると、これらの合計は1・6となって1を超えてしまい、正しい確率分布にはならない。これを正しい確率分布にするためには、最初に割り当てた各値を合計値1・6で割ればよい(晴れ：0・4375、くもり：0・375、雨：0・1875となる)。

同様に、各エネルギーから決まる、各状態の仮の確率の値を非正規化確率とよぶことにしよう。ボルツマン分布にもとづく確率分布を求める場合も、すべての状態の非正規化確率の

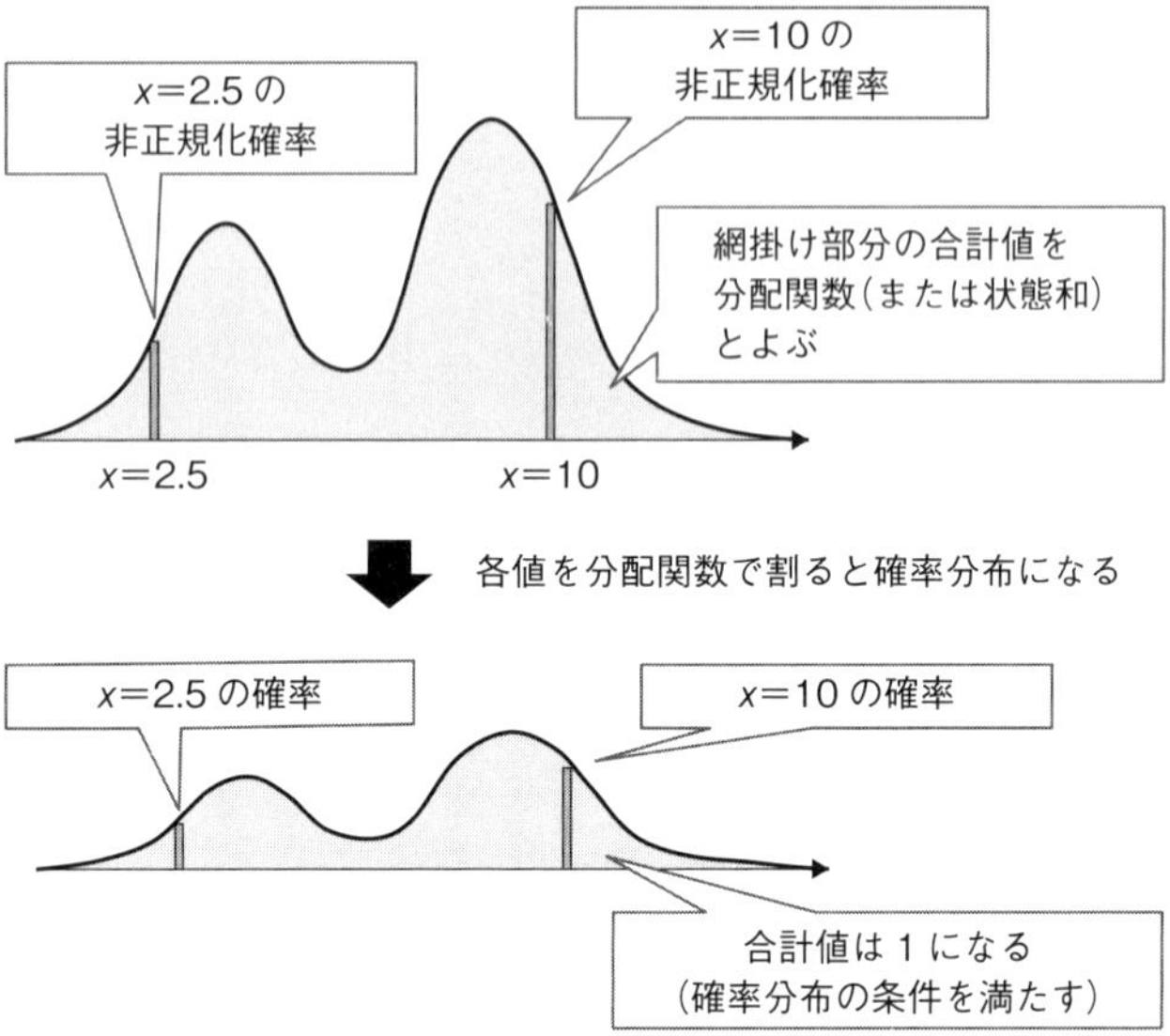

図 18　全状態の非正規化確率の合計を与える関数を分配関数(または状態和)とよぶ．それらの非正規化確率を分配関数で割った値をその状態の確率とできる(合計値が 1 であるので)．

合計を求め、非正規化確率を合計値で割る必要がある。この合計値を分配関数(または状態和)とよぶ(図18)。

先の例では1・6という合計値を与えるのが分配関数にあたる。

このようにエネルギー関数から確率分布に変換するためには、分配関数を求める必要があるわけだ。

しかし高次元空間では、すべての状態の非正規化確率を列挙してその合計値を求めることは、状態の種類数が膨大であることから基本的に不可能である。この、分配関数を効率的に求めることができないということが、高次元データ上の確率分布を設計するのが難しい問題の本質である。

エネルギーベースモデルの学習が遅いという問題も、分配関数を求めることが困難であるという問題と直接関係している。ある位置のエネルギーを低くする際に、他のすべての位置のエネルギーにどのような影響が出るのかを調べる問題は、分配関数の計算と直接関わっている。

高次元空間上の確率分布を、空間全体の情報を知らなくても設計できる手法が必要となる。これが次の章から説明する流れをつかった生成である。その前にもう1つの重要な概念である、潜在変数モデルを紹介しよう。

データは隠れた情報から生成されている

潜在変数モデルとは、データが生成される際に直接データが生成されるのではなく、最初に潜在変数が生成され、次に潜在変数にもとづいてデータが生成されるというしくみの生成モデルのことである。

データは観測することができる変数なので観測変数(の値)とよぶ。これに対し、潜在変数はデータからは直接観測できず、潜んで存在しているので潜在変数という名前が与えられている。

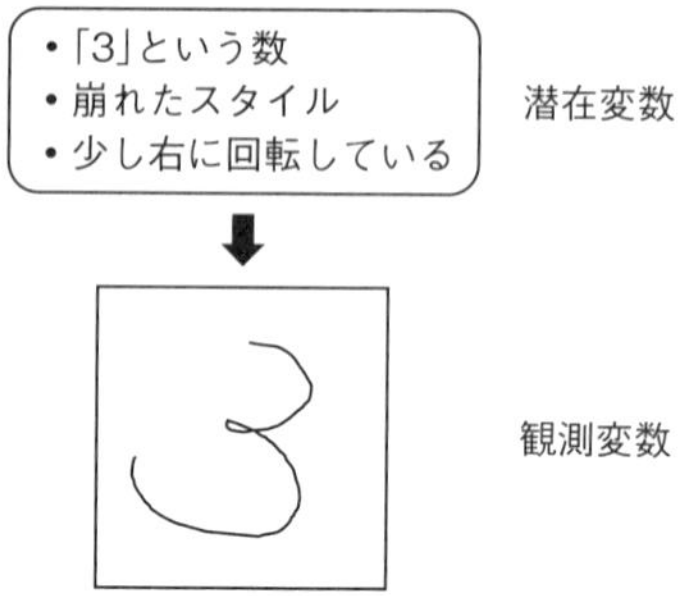
・「3」という数
・崩れたスタイル
・少し右に回転している
潜在変数
観測変数

図19　潜在変数モデルでは，データが生成される際に，直接データが生成されるのではなく，最初に潜在変数が生成され，次に潜在変数にもとづいてデータが生成されると考える．

例えば、数字の手書き文字が画像データとして生成される場合を考えよう(図19)。この場合、潜在変数モデルでは、まず潜在変数として数字の種類やそのスタイルが生成され、次にこれらの情報にもとづき、観測変数である手書きの画像データが生成されるというふうに考える。カメラで撮影した画像の場合は、潜在変数はカメラの位置や姿勢、照明条件、撮影対象の種類や属性といったものであり、これらにもとづいて観測変数である画像が生成される。文章の場合は、文章を書く人がどういう人なのかや、文書のトピックなどが潜在変数であり、実際の文章が観測変数である。

このように、潜在変数とは対象データ全体の意味を表わすとともに、それを要約した情報である。また、潜在変数上でデータを少しずつ変化させていくと、観測変数も変化していくと考える。潜在変数は、多様体仮説における高次元のデータ空間中に埋め込まれた低次元の多様体に対応する。潜在変数モデルは多様体仮説を具体的に利用した生成モデルといえる。

潜在変数は階層的に構成されることも考えられる。最初に一番大まかな情報を捉えた潜在変数を生成し、次にこの潜在変数にもとづき、もう少し細かな情報を表わす潜在変数を生成する。これを繰り返していき、最終的な観測変数が生成されるという生成モデルを考えることができる。

潜在変数モデルで生成モデルを考える場合に、潜在変数はデータとしては与えられないことが問題となる。学習データ中に、このデータを生成したときの潜在変数の値も一緒に与えられればよいが、それは通常わからない。どのようにすれば観測データだけから潜在変数モデルを学習できるだろうか。

生成するためには認識が必要

潜在変数モデルによる生成モデルを実現するため、1995年にピーター・ダヤンとジェフリー・ヒントン（本章末のコラム「ノーベル賞2024年」参照）らがヘルムホルツマシンとよばれる生成モデルを提案した。この名前は、手法がヘルムホルツエネルギーに従っていることからつけられている。ヘルムホルツエネルギーとは、熱力学に由来する自由エネルギーのことである。

ヘルムホルツマシンは、データから、それを生成したであろう潜在変数を推定する認識モデルと、潜在変数からデータを生成する生成モデルを交互に学習するという考えを導入した（図20）。生成モデルと認識モデルは、それぞれ別のニューラルネットワークによって構成されている。

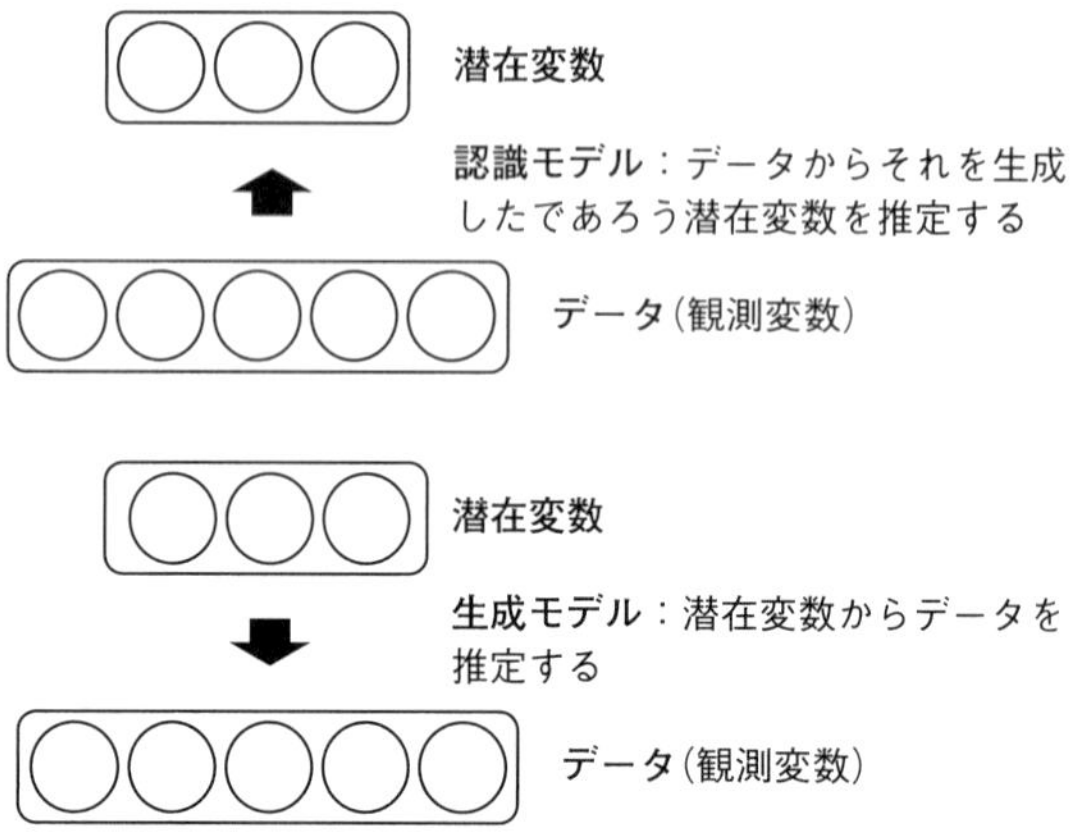
潜在変数
認識モデル：データからそれを生成したであろう潜在変数を推定する
データ（観測変数）
潜在変数
生成モデル：潜在変数からデータを推定する
データ（観測変数）

図20　ヘルムホルツマシンでは，データから潜在変数を推定する認識モデルの学習と，潜在変数からデータを推定する生成モデルの学習を，交互に進める．

このモデルでは、最初は認識モデルも生成モデルも適当に初期化されており、無作為にしか潜在変数を推定できない。しかし学習を進めていくにつれて、徐々に意味のある潜在変数が当てられるようになってくる。認識モデルは今のデータにおける潜在変数をよりよく推定できるように学習を進め、生成モデルもよりうまく推定できるようになった潜在変数をつかって、よりうまく生成を学習することができるようになる。認識モデルは実際に生成するときにはつかわず、生成タスクの学習を助けるためのみにつかわれる。

例えば、動物の画像生成を学習する際には、認識モデルが最初にこれは犬か猫か、どちらを向いているか、といったことを学習する。生成モデルは、認識モデルで推定した潜在変数をもとに「左を向いている犬」という条件のもとで、「左を向いている犬」の画像を生成できるように学習する。

生成を学習するために生成モデルだけでなく認識モデルを同時に学習するということの考えは、重要な発見であった。

変分自己符号化器（VAE）

ヘルムホルツマシンは手法自体は興味深いものだったが、数字の手書き文字など、単純なデータ生成のみを実現するにとどまっていた。

こうした潜在変数モデルを進化させ、高次元の画像データを生成可能にしたのが変分自己符号化器である。２０１３年末にディーデリク・キンフマとマックス・ウェリングが提案した。変分自己符号化器は英語でVariational AutoEncoderといい、その頭文字をとった略称でＶＡＥともよばれる。

ＶＡＥは、ヘルムホルツマシンと同様に、ニューラルネットワークによる認識モデルと生成モデルから構成される。ちょうど２０１３年当時は深層学習（ディープラーニング）とよばれる深く幅の広い大きなニューラルネットワークをつかった手法が登場しはじめていたので、ＶＡＥはそれまでよりずっと大きなモデルをつかうことができた。

その上でＶＡＥでは変分ベイズとよばれる方法をつかって学習目標を定め、認識モデルと生成モデルの更新を同時に行なう。この更新は次のような仮想的な自己符号化器による学習によって実現される（図21）。

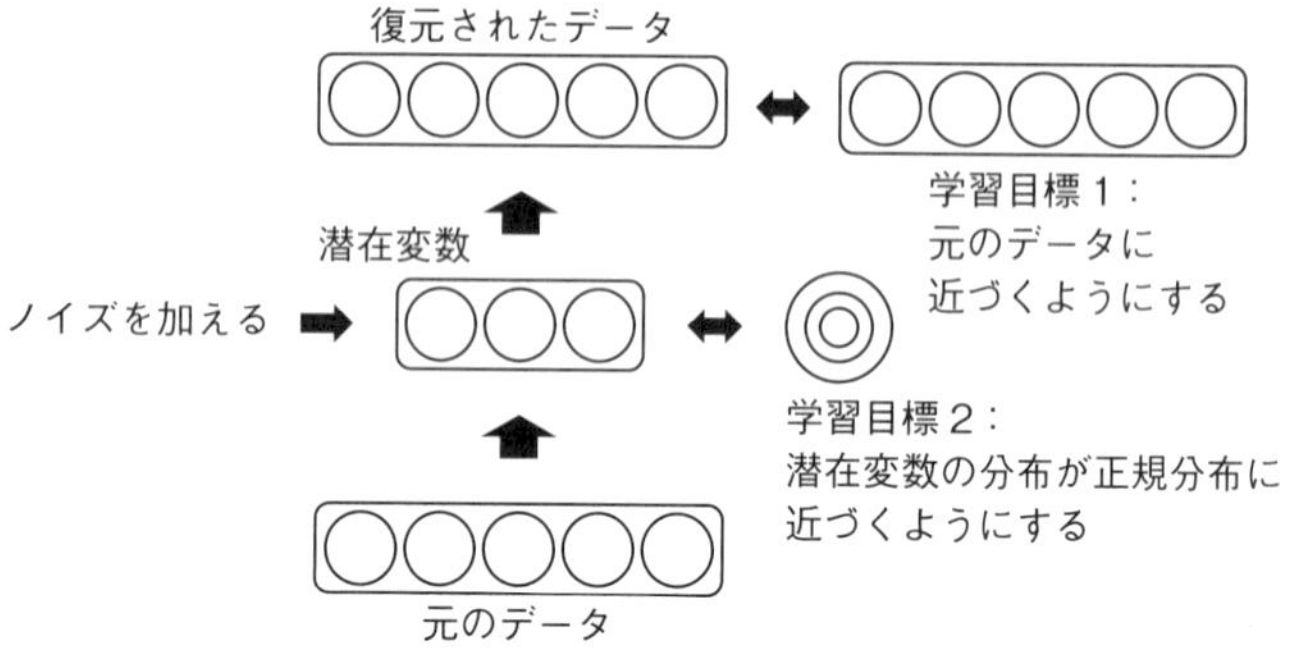

図21　変分自己符号化器の学習では，データを認識モデルをつかって潜在変数に変換した後，ノイズを加え，それを生成モデルをつかってデータを復元する．復元されたデータが元のデータに近づくようにするという目標と，潜在変数の分布が正規分布に近づくようにするという２つの目標を同時に達成するように，生成モデル・認識モデルを同時に更新する．

はじめに、認識モデルは観測変数からそれを生成したであろう潜在変数を推定する。次に推定された潜在変数にノイズを加える。その上で生成モデルは潜在変数から観測変数を生成する。このように、あるデータを一度、変換した上で元に戻すというモデルを、自己符号化器とよぶ。ＶＡＥにおいて認識モデルが符号化、生成モデルが復号化に対応する。

自己符号化器を考える場合、潜在変数に何も制約がなければ、符号化モデルは観測変数をそのまま潜在変数にコピーし、復号化モデルは潜在変数をそのまま出力するのが最適になってしまう。このようなズルをせず、潜在変数が情報を要約した結果や抽象化した結果を表わせるように、潜在変数の次元数を低くしたりする。ＶＡＥにおいては潜在変数の次元数を小さくするだけでなく、ノイズを加えた上で復元するという問題を学習時に解く。さらに、潜在変数の分布は正規分布に近づくような制約を加えた上で学習する。

生成する際には、認識モデルはつかわず、潜在変数を正規分布からサンプリングし（潜在変数の分布は正規分布に近づくように学習している）、次に生成モデルが潜在変数からデータを生成する。

VAEによって獲得された潜在変数空間は、多様体仮説で提唱されたようなデータ分布の隠れた低次元空間を捉えることに成功していることがわかった。潜在変数空間中で潜在変数を少しずつ動かすと、例えば人の顔の場合にはその顔が少しずつ変わっていったり、向きが変わっていく、ということに相当する現象がみつかった（図10参照）。

このようにデータのみから、データの背後にある潜在空間を学習によって捉えることができ、また観測空間から潜在空間への変換（認識モデル）、またその逆の変換（生成モデル）も学習によって獲得できることが示された。

潜在変数モデルの問題

VAEで大規模な潜在変数モデルが実現されたが、大規模な学習に適用する場合には課題が残されている。

最も大きな問題は認識モデルの学習が難しいことである。認識モデルの学習は、推定した潜在変数による生成がうまくいくように学習される。VAEによって、これはノイズ付きの自己符号化の問題設定としてみなせることも示された。しかし、認識モデルが正しく潜在変数を推定できていない場合、生成モデルは認識モデルが推定した潜在変数は役に立たないので学習の際に無視する、といったことがおきてしまう。この現象は事後分布崩壊（Posterior Collapse）とよばれる（認識モデルによる潜在変数の推定は事後分布の推定であり、これが崩壊することから名づけられている）。これを防ぐことが難しい。さらに認識モデルと生成モデルを同時に学習するのは不安定である。これらの問題からVAEを大規模化していくのは難しかった。

コラム◉敵対的生成ネットワーク（GAN）

2014年にはイアン・グッドフェローらが敵対的生成ネットワーク（GAN）とよばれる手法を提案した。GANは、生成器と識別器を競合させることで、高品質なデータを生成できることを示した。具体的には、生成器は元のデータと似たデータを生成し、識別器は与えられたデータが本物のデータなのか、生成されたデータなのかを区別するように学習する。識別器はより詳細に違いをみつけられることを目指し、生成器は逆に識別器に見分けられないことを目指して学習する。まるでライバル関係のようにお互い切磋琢磨してうまく成長していくことができれば、高品質なデータ生成ができるようになる。

ＧＡＮは高品質なデータ生成に初めて成功し、研究が広がっていった。しかし学習が不安定であるという工学的な問題があり、大規模化は難しかった。

コラム◉自己回帰モデル

高次元データの確率分布をあつかう場合には、分配関数の計算が問題となることを説明した。この分配関数の計算を回避するためには、問題を分配関数の計算が可能な小さな問題に分割し、それぞれの問題を解けるようにすればよい。

こうした手法の代表が自己回帰モデルである。自己回帰モデルは高次元データを次のように分解する。まず、最初の次元の値を生成する。次に最初の次元の値で条件付けをして、次の次元の値を生成する。次に最初の次元の値と次の次元の値で条件付けをして、3つ目の次元の値を生成する。これをすべての次元について繰り返していく。

このようにすると、それぞれの生成モデルは、現在まで生成した次元の値で条件付けした次の次元の値の条件付き確率分布をあつかえればよい。この場合は、全次元の組み合わせを一挙に考えるのではなく、1次元ずつの分配関数をあつかえばすむので、問題がずっと単純になる。

現在の大規模言語モデルは自己回帰モデルをつかっている。

この自己回帰モデルは近似ではなく、正しい確率分布を推定でき効率的に高次元データをあつかえるが、問題がいくつかある。1つ目の問題は、高次元データの分解の仕方については毎回1通りでしか学習しないため、生成の際にも学習に用いた1通りの分解方法にひきずられてしまうことである。2つ目の問題は、データを生成する際には1つ1つの次元を順番に生成するしかないので、生成が遅くなることである。

現在の計算機は並列計算を非常に高速にできる。それに対し、逐次計算(1つずつ順に処理する)は相対的に遅い。自己回帰モデルは1つ1つの次元の値を順番に生成するために、逐次計算を必要とする。そのため自己回帰モデルによる生成は一般に遅くなりやすい。現在の大規模言語モデルもこのような逐次的な処理が推論時に必要であり、推論が遅くなりやすい。

コラム ◉ ノーベル賞2024年

2024年のノーベル賞には本書に関係する人物が多く選出された。

ノーベル物理学賞には、「人工ニューラルネットワークによる機械学習を可能にした基礎的な発見と発明」の業績により、ジョン・ホップフィールドとジェフリー・ヒントンが選ばれた。

本章でも取り上げたように、ホップフィールドは物理学のモデルと連想記憶を結びつけホップフィールドネットワークを提唱した。必ずしも最初のアイディアではなかったが、連想記憶と関連する本質だけを残したモデル化を行ない、その後の人工知能分野の研究に大きな影響を与えた。また、これらのモデルは、本書で取り上げた生成モデルの方向だけでなく、誤り訂正符号や無線通信、情報統計力学といった分野でも大きく発展している。

一方、ヒントンはホップフィールドネットワークをもとに統計物理学や確率理論と組み合わせたボルツマンマシン(本書では詳しく取り上げなかった)を提唱した。また、ニューラルネットワーク分野で列挙できないほど多くの業績を挙げるとともに、多くの後進の育成に大きな貢献をしている。

ノーベル化学賞を受賞した3人のうちの2人には、「タンパク質の構造予測」の業績により、グーグル・ディープマインド(Google DeepMind)のデミス・ハザビスとジョン・M・ジャンパーが選ばれた。

タンパク質の構造予測は、その機能を理解する上で極めて重要である。特にタンパク質の合成技術が発達した中、新たに設計される未知のタンパク質の機能を予測する上で不可欠となっている。

最初のアルファフォールド(AlphaFold)は拡散モデルを採用したモデルではなかったが、最新のアルファフォールド3は拡散モデルを採用し、タンパク質単独の構造だけではなく、リガンド(特異的に結合する物質で薬にもなる)や、抗体、DNA、RNAとの結合状態の予測も可能となっている。

これらの受賞は、AIが科学技術の発展を促進するだけでなく、それ自体が科学技術の重要な一分野と認知されるようになったことを示す象徴的な出来事といえる。また、既存の学問分野の枠を超えた視点をもち、分野を超えて知識を融合させることが、革新的な発見につながることを示した例といえる。

まとめ

この章では生成モデルについて紹介し、特にエネルギーベースモデルと潜在変数モデルについて紹介した。

刺激に応じて記憶を思い出す連想記憶は、エネルギーベースモデルによって、エネルギーが小さくなるように状態が自発的に変わるしくみとして実現されることを説明した。一方、学習や推論が遅いという問題があった。

潜在変数モデルは、データを直接生成するのではなく、最初にデータの抽象的な意味に対応する潜在変数を生成し、次に潜在変数にもとづいてデータ（観測変数）を生成するモデルであった。これを実現するためには、データから潜在変数を推定する認識モデルも同時に学習することを説明した。

しかし、潜在変数モデルは認識モデルの学習が難しく、有効な潜在変数を獲得することは容易でなかった。

これらを解決する手段はまったく別の発想から登場してくる。

3 流れをつかった生成

前章では生成ＡＩが生成する能力を獲得するために、これまでどのような試みがなされてきたのかを説明した。

この章からはそうした試みの中でうまれてきたアプローチの1つである、流れをつかった生成手法を紹介していく。流れをつかった生成手法はエネルギーベースモデル、潜在変数モデルとしての特性を兼ね備えており、かつ高次元データの生成モデルを設計する上で優れた特徴をもっている。

はじめに流れとは何であるかを説明した後に、それを利用した生成モデルがなぜ優れているのかを説明していく。

流れとは

まず、流れとは何であるかについて説明する。

私たちの身の回りには、空気の流れや水の流れなど様々な流れがみられる。一般に物質の状態は、温度や圧力に応じて、固体、液体、気体の3つに分類されるが、このうち液体と気体で流れをみることができる。例えば、水や、それを熱して得られる水蒸気には流れがみられる。流れによって、物質は自由に形を変えることができ、流れに沿って移動することができる。

流れには様々な性質がみられるが、それらの中で特に生成モデルをあつかう上で重要な性質が「連続性」である。連続性とは、物質が原因なく突然現れたり消えたりしないこと、そして、物質が移動する際もある瞬間にワープして、他の位置に突然出現するといったこともないことを意味する。

例えば、水が川のような場所で流れて移動している場合を考えてみよう(図22)。ある位置にあった水に注目してみると、この水は一定時間たつと、流れに沿って、他の位置に移動している。このとき、経過時間を短くしていけばいくほど、水の移動距離は短くなっていき、経過時間が0になると移動元の位置と一致する。当たり前のことをいっているようにみえるが、これが「連続性」の定義となる。逆に連続性がなく、ある瞬間に水が他の位置にワープするようなことがあれば、ワープする直前を起点にみると、移動後の位置と移動元の位置を比較したとき、経過時間をどれだけ短くとっても元の位置には近づかない。

こうした連続性の議論はグラフで視覚的にみたほうがわかりやすいかもしれない(図22下)。横軸に時間、縦軸に位置をとった場合、このグラフがつながっていれば連続性があり、離れ

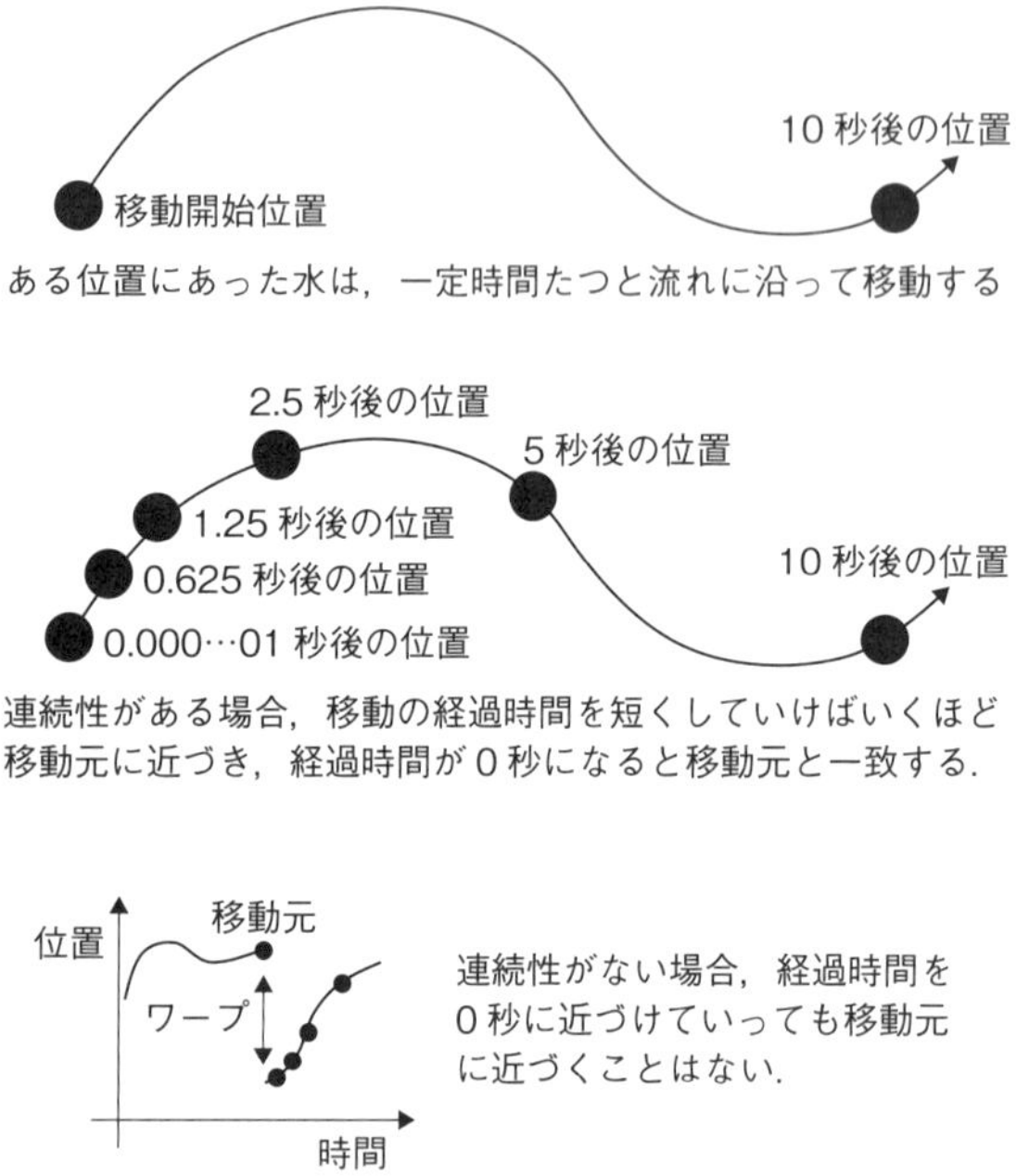
10 秒後の位置
移動開始位置
ある位置にあった水は，一定時間たつと流れに沿って移動する
2.5 秒後の位置
5 秒後の位置
1.25 秒後の位置
0.625 秒後の位置
10 秒後の位置
0.000…01 秒後の位置
連続性がある場合，移動の経過時間を短くしていけばいくほど移動元に近づき，経過時間が 0 秒になると移動元と一致する．
位置
移動元
ワープ
時間
連続性がない場合，経過時間を 0 秒に近づけていっても移動元に近づくことはない．

図 22　流れの重要な性質が連続性である．連続性は物質が移動する際，原因なく突然別の場所にワープすることがないことを意味する．連続性がある場合は，移動の経過時間を短くしていけば，移動後の位置は必ず移動元と一致するが，連続性がない場合，ワープしている瞬間は移動元には近づかない．

ていれば連続性がないことになる。

連続の式――物質は急に消えたりワープしない

さきほどはある位置にあった物質がどのように移動するかに注目してみたが、今度は位置を固定して、その位置にある物質の量の変化について注目してみよう。このとき、その位置の物質の量が減った場合には、そこにあった物質は周囲に流れ出しており、周囲の物質の量が増えている。逆に、その位置の物質の量が増えた場合は、周囲からその位置に物質が流れ込んでおり、周囲の物質の量が減っている。

ある位置の物質の変化量と、その位置からの周囲への流出量または流入量は常に釣り合っているという関係を表わした数式を連続の式、または連続の方程式とよぶ(図23)。

一般に連続の式は、点ごとにその位置での密度の変化速度と、周囲への流出または流入の速度との関係を表わす。また、各点での密度が自発的に変わる湧き出しがある場合を考えるが、生成モデルの文脈では、湧き出しがなく全体の総量が常に保存されている場合を考える。

連続の式がすべての位置で成り立つ場合、区切って作った任意の領域についても連続性は成り立つ。つまり、その領域内部における物質の全体の変化量と、領域境界での物質の流出量または流入量は常に釣り合っている。

この領域を空間全体にとったとする。この場合、その空間の外と物質のやりとりはないこ

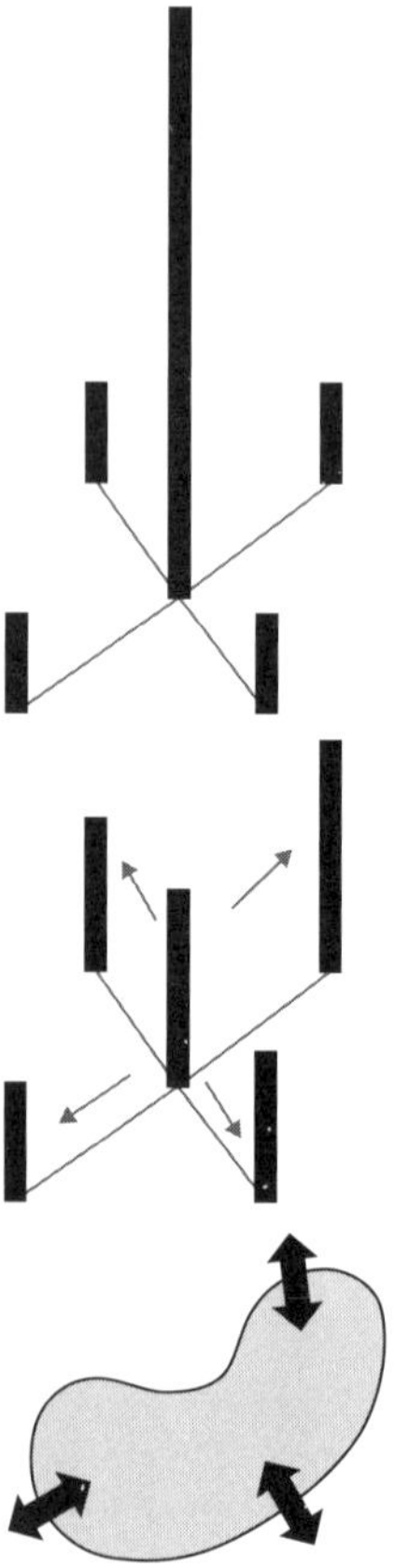

棒の高さはその位置の物質の量を表わす．（この例では簡略化のため，ある位置の周囲は４点だけとする．）

ある位置の物質の量が減ったときは，減った量と同じ分だけ周囲の物質の合計量が増えている．逆に物質の量が増えたときは，増えた量と同じ分だけ周囲の物質の量が減っている．このことを表わす式を連続の式とよぶ．

すべての点で連続の式が成り立つとき，任意の領域内の物質全体の変化量と，領域境界での物質の流出量／流入量は常に釣り合っている．

図 23　ある位置の物質の量（または密度）と，その位置から周囲への物質の流出量または流入量の合計が一定であることが常に成り立っていることを表わす式を連続の式という．連続の式が成り立つ場合，任意の領域内における物質全体の変化量と，領域の境界での物質の流出量／流入量は常に釣り合っている．特に領域の境界で物質のやりとりがない場合，内部でどれだけ複雑な流れが発生しても物質の総量は保存される．

とから、内部の物質の総量は一定である。つまり、この連続の式が成り立っている場合には、内部でどのような複雑な流れが発生したとしても、物質の総量は保存されることになる。

流れをつかって複雑な確率分布を作り出す

このように流れによって分布を変えたとしても、全体の量は変わることはない。この性質は、流れをつかって確率分布をあつかう上で重要な性質となる。

エネルギーベースモデルの説明の際に、各状態（データ）にエネルギー、そしてそこから決まる非正規化確率で確率分布を与える際、全状態の非正規化確率の合計、分配関数を求める必要があることを説明した。

高次元空間においては分配関数を求めることは、不可能なくらい難しい。そのため、高次元空間での確率分布を設計するには、分配関数を効率的に計算できるようにモデルに制約を加えるか（自己回帰モデルの例）、または分配関数を直接あつかわなくても、学習やサンプリングができるか（ホップフィールドネットワークの例）という方向で発展してきた。

しかし、こうしたアプローチは表現力の制約が大きく、複雑な確率分布を表わすことは難しかった。

流れをつかうことによって、分配関数を求めずに、なおかつ複雑な確率分布を設計できることを以下に説明していく（図24）。

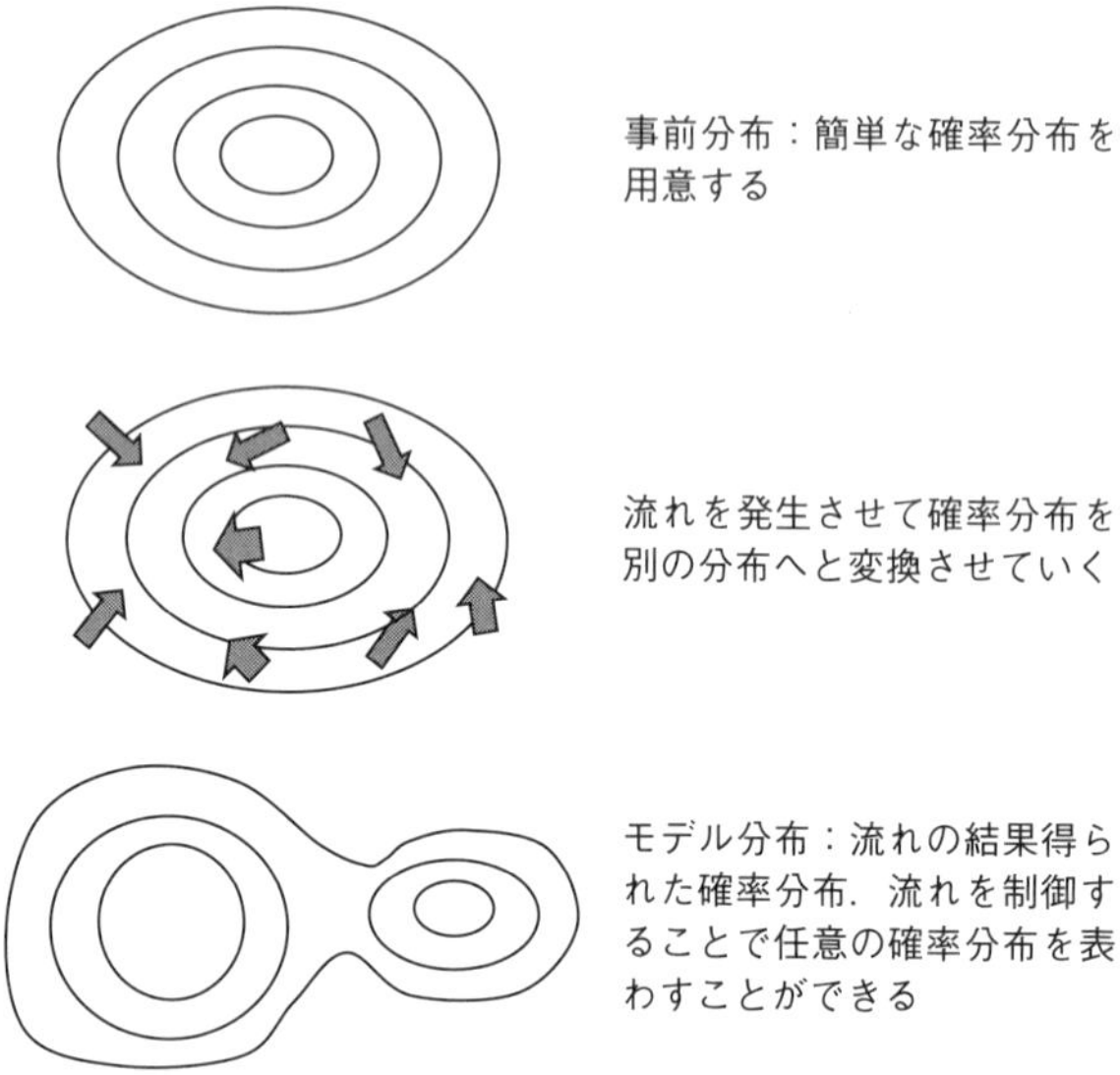
事前分布：簡単な確率分布を用意する
流れを発生させて確率分布を別の分布へと変換させていく
モデル分布：流れの結果得られた確率分布．流れを制御することで任意の確率分布を表わすことができる

図24　簡単な確率分布を流れをつかって変えていき，任意の複雑な確率分布を作ることができる．連続の式で保証されたように，どれだけ複雑な流れをつかったとしても常に確率分布であることが保証されている．

はじめに簡単な確率分布を用意する。この確率分布は事前分布や初期分布とよばれる。以降では事前分布としよう。事前分布は空間中に一様に同じ確率を割り当てる一様分布であったり、中心に確率が集中している釣鐘状の形をした正規分布などがよくつかわれる。事前分布は各状態の確率（注：正確には確率密度。本書があつかう議論は基本的に実数連続空間上での確率密度が必要となるが、ここではそうした議論は省略する）が解析的に正確に求められ、かつ、その分布に従ったデータのサンプリングが容易に行なえることが必要である。前記の一様分布や正規分布はこれらの条件を満たしている。

次に、この各状態において割り当てられた確率を、各位置の密度のようにあつかう。そし

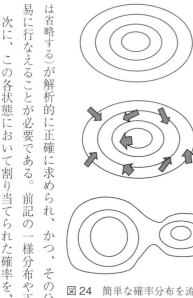

て、この事前分布からスタートした上で各位置で流れをおこし、分布を変えていくことを考える。この流れは位置ごとにその位置にある物質がどのような速度で周囲に流出または流入するのかを表わす。さらに、流れは時刻ごとに変わっていくとする。

このような流れによって、事前分布は別の分布へと徐々に変わっていく。そのように変化していって最終的に得られた分布をモデル分布とよぶことにしよう。モデル分布は事前分布とはまったく違う非常に複雑な分布になることもできる。そして、流れを制御することによって、どのような分布を作るのかを制御することができる。

流れをつかったモデルは分配関数を求める必要がない

ここで連続性の性質が活きてくる。流れをつかって分布をどれだけ複雑に変えたとしても、全体の量は変わらないことが保証されている。つまり、最初の分布が確率分布であれば、どれだけ複雑な流れをつかって分布を変えた後でも、常にその分布は確率分布となることが保証されることになる。このため、分配関数を求める必要がない。

この考え方の理解を深めるために、寄付の例を用いて説明する（図25）。

ある国で１００万人の全国民から寄付を募り、ちょうど1億円を集めたいとする。この場合、各人が自分でいくら寄付するかを決めてよいことにする。例えば、ある人は０円、一方で別の人は10万円寄付するかもしれない。問題はちょうど1億円集まるかということである。

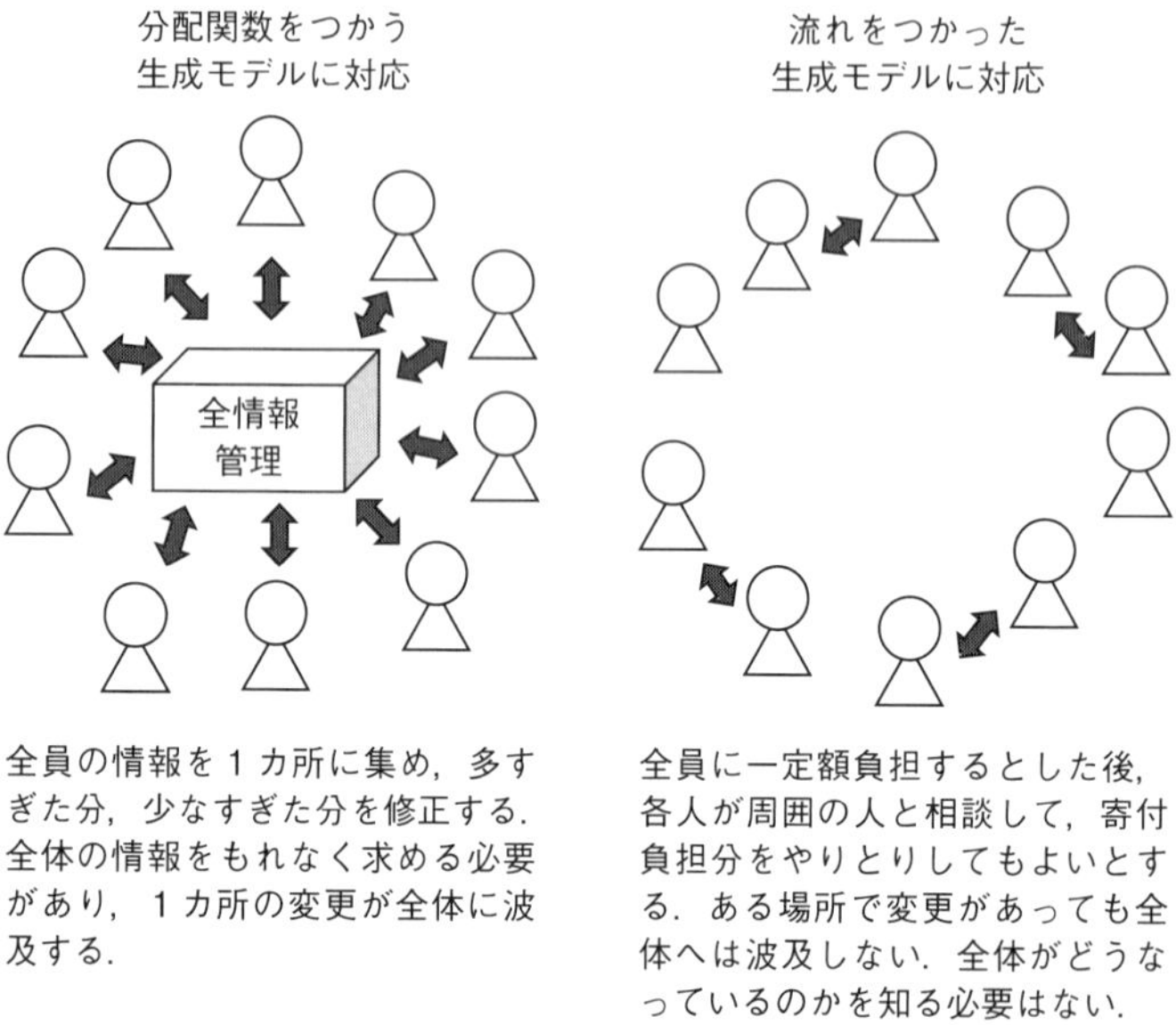
分配関数をつかう
生成モデルに対応
全情報
管理
流れをつかった
生成モデルに対応
全員の情報を1カ所に集め，多すぎた分，少なすぎた分を修正する．全体の情報をもれなく求める必要があり，1カ所の変更が全体に波及する．
全員に一定額負担するとした後，各人が周囲の人と相談して，寄付負担分をやりとりしてもよいとする．ある場所で変更があっても全体へは波及しない．全体がどうなっているのかを知る必要はない．

図25　各状態に確率を割り当てる問題を寄付の例として考える．エネルギーベースモデルはあたかも全員の寄付額の情報をもとに合計値が目標に達するように調整する中央集権型である．これに対し，流れをつかった生成は，全員に一定額負担するようにした後に個別に負担額を周囲と調整してよいとする分散統治型とみなせる．

1つ目のアプローチを考えよう。すべての人がいくら寄付するか、その額を確認する。そして、その寄付合計が例えば3億円だったとする。このままでは寄付が集まりすぎるため、全員に対して寄付額を3分の1に減らすよう指示すれば、ちょうど1億円の寄付が集まる。これが分配関数（全員の寄付合計）を求め、それぞれの非正規化確率（調整前の寄付額）を修正する場合に相当する。このアプローチの問題点は、全員の寄付額をチェックしなければならないことである。一人でもチェック漏れがあれば、計画が狂う可能性がある。例えば、チェックから漏れていた山奥に住む一人が5000万円寄付するつもりなら、全員の寄付計画に大きな影響が生じえる。

2つ目のアプローチを考えよう。最初に全員が100円寄付することを決める。この場合、100万人×100円でちょうど1億円が集まる。その後、各人が周囲の人と相談して寄付額を調整してもよいとする。例えば、ある人は他人の寄付負担分を引き取り、別の人は寄付をまったくせず、他の人に任せることもできる。このように負担を自由にやりとりしても、全体の寄付合計額は一定に保たれる。この場合、中央ですべての状況を把握する必要がなく、局所的なやりとりで完結する。このアプローチが、流れによって分布を変換する場合に相当する。

高次元空間は非常に広大であり、空間を網羅するようにどれだけ調べたとしても、調べ切れずに残された位置に大きな確率が割り当てられている可能性は常にある。高次元空間の住人たちのそれぞれに、寄付額をいくらにするか任せるアプローチ(すなわち分配関数をつかうアプローチ)は、きわめて困難になる。

このように、エネルギーベースモデルは分配関数といった全体の情報が必要な中央集権型のモデルであるのに対し、流れをつかったアプローチでは局所的な流れを操作する分散統治型のモデルであるといえる。

流れをつかう場合は、局所的な情報である流れを操作して確率分布を操作でき、全体を把握しなくても分布全体が確率分布として成り立つことが保証されるのである。

正規化フロー・連続正規化フロー

流れをつかうことで、分配関数を計算することなく複雑な確率分布を表わすことができる。この考えにもとづき、2015年にローラン・ディンらが正規化フローとよばれる生成モデルを提案した。これは、事前分布を可逆な変換で徐々に変換し、複雑な確率分布を構築する手法である。可逆な変換とは、変換した後に、常に元に戻すことができるような変換のことである。

さらに、2018年にリッキー・T・Q・チェンらが、正規化フローを発展させて連続正規化フローを提案した。このモデルは、正規化フローの変換単位を細かくしていくことで確率分布を連続的に変換するものである。これまで説明してきた流れをつかった生成モデルは、連続正規化フローで完成されたといえる。正規化フローは連続正規化フローの連続的な変換を一定時間ごとに離散化した特殊形とみなすことができる。正規化フローでは変換に可逆変換をつかわなければいけないという制約があったが、連続正規化フローでは流れを直接モデル化しており、そのような制約はない。

連続正規化フローでは各位置、各時刻における流れをニューラルネットワークによってモデル化する（次節で詳しく説明する）。

流れをたどって尤度を求め、それを最大化するよう学習する

この流れをつかって作り出されるモデル分布が、学習データとして与えられたデータ分布に近づくように流れをどのように調整するのか、つまり学習するのかを以降で説明する（巻末付録「最尤法《さいゆうほう》」も参照）。

この正規化フローや連続正規化フローの学習は最尤推定によって行なわれる。最尤推定は、観測されたデータにモデル分布上で高い確率を割り当てることで、データ分布とモデル分布を一致させるようにする。この際に必要となるのは、あるデータにモデル分布がどれだけの確率を割り当てたかという情報である。この割り当てられた確率を尤度とよぶ。

あるデータに割り当てられた確率を正確に求めることは、分配関数をあつかうようなモデルでは計算量の問題から求めることは難しい。流れをつかった生成ではこの尤度を求めるこ

とができる。こうした高次元データの尤度を正確に求められることは、以前は自己回帰モデルにしかできなかったことである。流れをつかった場合に尤度をどのように求めることができるのかを説明しよう。

流れをつかった生成の場合、ある点の密度と、確率は一致することを説明した。そして、流れによって、ある点では圧縮されて密度が高くなったり、逆に低くなったりする。実際に、大気であれば風によって空気が移動し、気圧が変わるというのは実感されていることだろう。例えば、空間全体の大気が流れによってそのまままちょうど右半分に移動して圧縮される、という流れを考えてみよう。この場合、各位置の確率は2倍になる。もちろん保存の法則が成り立つので体積が半分、密度は倍になり、全確率の合計は1となることが保証されている。このように体積の変化にもとづいて密度がどれだけ変わるのかがわかる。流れによってある区間の体積がどの程度、大きくなったり小さくなるかは、流れを表わす関数がどの程度、元の位置にあった空間を引き伸ばすのか、縮ませるのか(注：流れを表わすベクトル関数のヤコビアンの行列式から求まる)に相当し、そこから確率がどう変わるのか求められる。

モデル分布における、あるデータ、つまり高次元空間中のある点に割り当てられた確率を求める場合を考えよう(図26)。この場合は、その点にたどりつく流れを逆向きにたどっていき、各瞬間の流れにおいて、どの程度、その点が圧縮されたり膨張されたのかを求めればよい。そして最終的に事前確率にたどりついたときに、事前確率の際に割り当てられている確

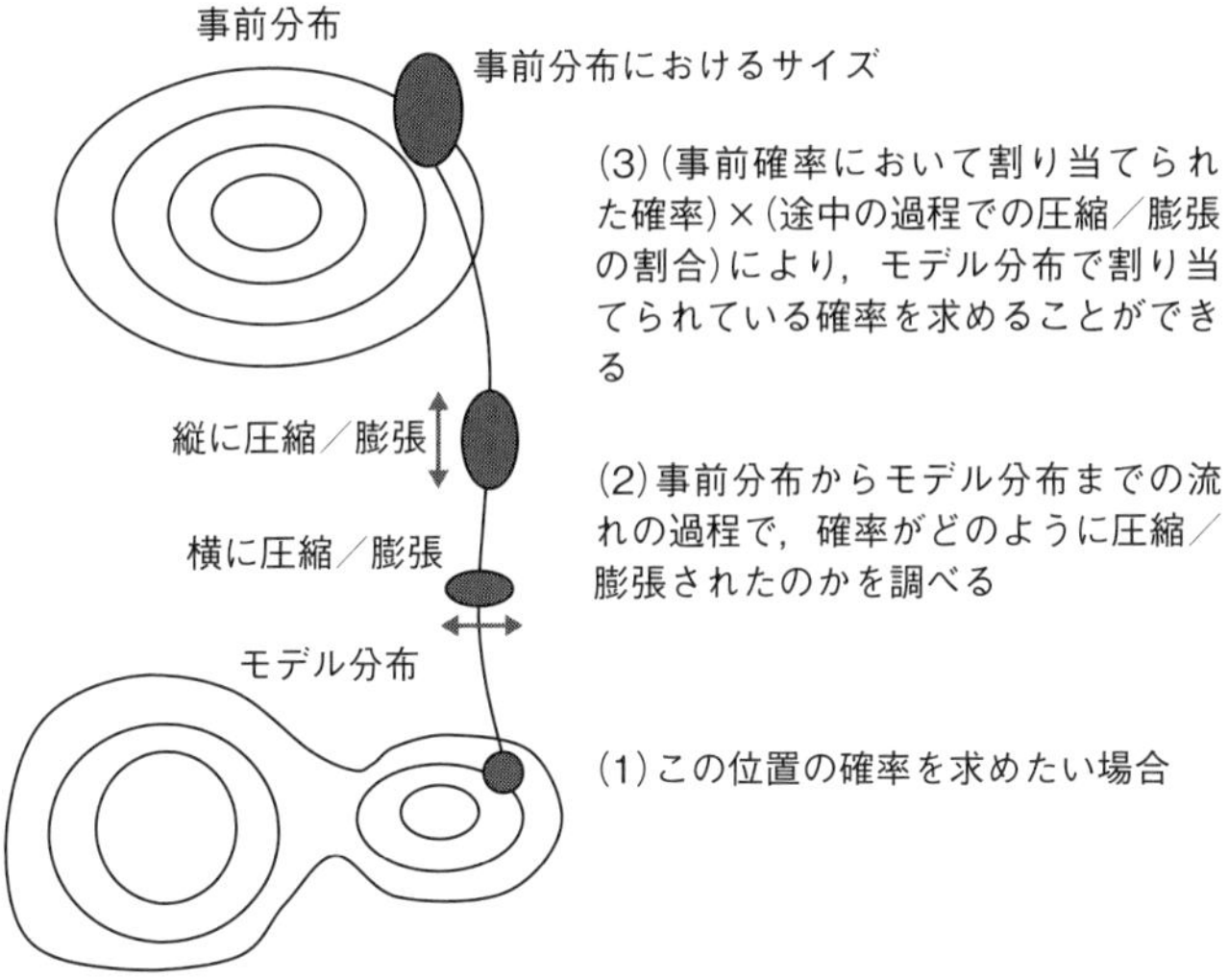
事前分布
事前分布におけるサイズ
(3)(事前確率において割り当てられた確率)×(途中の過程での圧縮／膨張の割合)により，モデル分布で割り当てられている確率を求めることができる
縦に圧縮／膨張
(2)事前分布からモデル分布までの流れの過程で，確率がどのように圧縮／膨張されたのかを調べる
横に圧縮／膨張
モデル分布
(1)この位置の確率を求めたい場合

図 26　流れをつかった生成では，モデル分布の各点で割り当てられている確率を求められる．その際は，モデル分布のその点に到達する流れを求め，事前確率で割り当てられていた確率と流れの過程での確率の圧縮／膨張割合を求める．

率と、流れの中でどの程度膨張したのか、圧縮されたのかという情報をつかえば、モデル分布での確率を求めることができる。

　このようにして、与えられたデータの尤度(モデルが割り当てた確率)を求められる。そして、尤度を最大化するように流れを調整する。流れはニューラルネットワークによるモデルで調整されているので、ニューラルネットワークのパラメータを調整し、尤度を大きくするように更新できる。こうすることで、学習データを高い確率で最終的に生み出すような流れを作ることができる。

流れに沿ってデータを生成する

次にデータをどのように生成するのかについて説明しよう。モデル分布に従ってデータをサンプリングするのは次のようにして行なう。

はじめに、事前分布からデータをサンプリングする。次に各位置、時刻の流れに従ってこのデータを遷移させていく。一般に流れをつなげていって作られる線を流線とよぶ。風洞実験で色のついた煙をおこすと線状の煙の流れがみえるし、コップの中でコーヒーを回転させて流れをおこした上にミルクを垂らすと、流れに沿ってミルクの線がみえる。こうした場合を想像してほしい。

それと同様に、事前分布からサンプリングされたデータも流れに沿って変化していき、最終的にどこかの位置にたどりつく。その最終位置(データ)はモデル分布からのサンプリングとみなすことができる(注：上記の議論は正確には、流れによる変換にもとづく押し出し測度とよばれる議論で厳密に行なうことができる)。

このサンプリングでは、ランジュバン・モンテカルロ法でのような、長いステップ数は必要としないことに注意してほしい。モデル分布が山や谷を含みどれだけ複雑であったとしても、サンプリングの際はこれらの山や谷を越えていく必要はない。事前分布上の位置からモデル分布上での位置に向けて流れに沿って徐々に変換されていく。つまり、事前分布からサンプリングされた時点で、最終的にどの位置に到達するのかが決まっている。この考え方については次章でまたあつかう。

流れは複雑な生成問題を簡単な部分生成問題に分解する

この流れをつかった生成は別の観点からみることができる。それは、流れによってデータが徐々に生成されていくということである。

人が何かを創作する際には、いきなり完成形を作るというのは難しい。才能にあふれ訓練された画家や作曲家であれば、最終的に完成されたものが頭に浮かび、それをただ描いたり書き起こすということがあるかもしれないが、多くの場合は、一度ラフに作ったものを徐々に修正したり詳細を書き加えていくことになるだろう。

例えば、絵を描く場合には、まず輪郭を描き、次にパーツを描き、全体を調整しながらディテールを描いていく。途中ではバランスを考え、全体を修正することもあるだろう。この場合、生成過程はいくつかの部分過程に分解される。そして、各部分的な生成過程は、何もないところから作る場合に比べ、作業ははるかに簡単になっている。

一方、学習の際にはそのデータの完成形しか与えられず、そのデータを作る際にどのような過程で作られたのか、どのような順で作られたのかについては与えられない。

このように順に生成していくという過程は、潜在変数モデルの考え方と一致する。潜在変

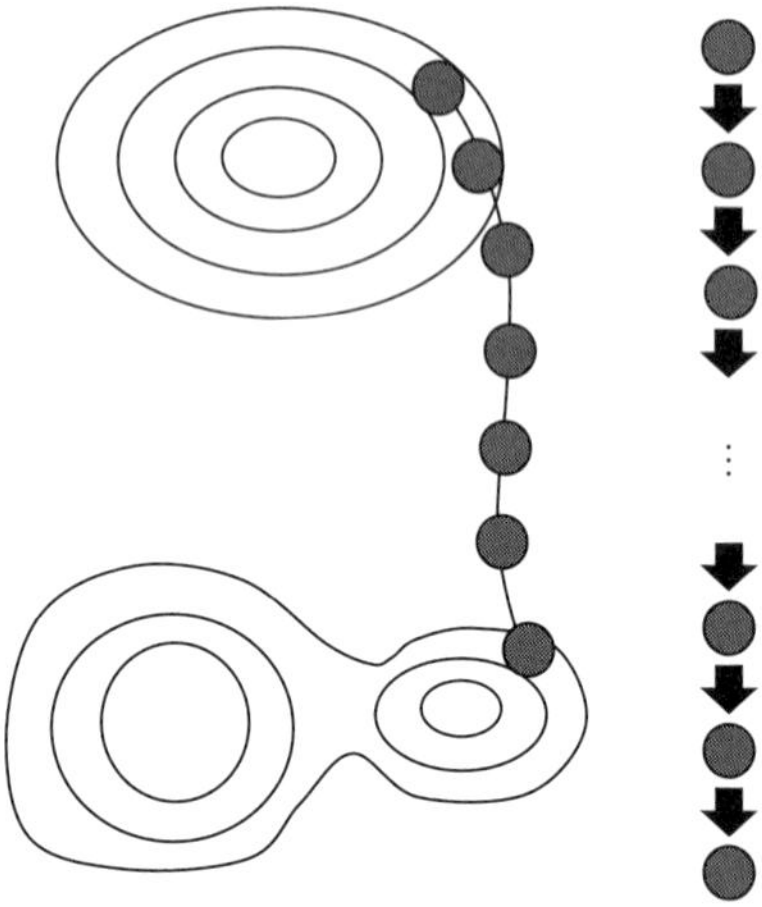

図27　流れをつかった生成は無限の階層を積み重ねた潜在変数モデルとみなすことができる．各ステップは段階的な生成問題としてあつかうことができる．

数モデルは最初に潜在変数を生成し、次に潜在変数にもとづいて観測変数、つまりデータを生成するというものである。

　この潜在変数は一層だけに限ったものではなく、何層にも繰り返すことができる。ある潜在変数にもとづいて次の階層の潜在変数を生成する。こうした層が増えれば増えるほど、1ステップあたりの生成問題を簡単にすることができる。そして、ステップを非常に細かくしていき、その各ステップをつなげた過程は、データの流れと考えることができる(図27)。

　このように考えると、流れによるデータ生成というのは、事前分布から得られた何も秩序をもっていないデータを最初の潜在変数とし、今の潜在変数にもとづいて次の潜在変数を生成するという生成過程の積み重ねにより、最終的なデータを得ることに相当する。流れによる生成によって、難しい生成問題を簡単な部分生成問題に分解しているのだ。

　なお、流れによる生成を学習して獲得される生成過程は、実際のデータを生成する過程とは異なることに注意する。ここで得られるのは、あくまで与えられたデータ分布を生成できるたくさんの流れのうちの1つである。より望ましい生成過程はどのようなものかについては、次の章の拡散モデルやフローマッチングの節であつかうこととする。

流れをモデル化する

流れをつかったモデルを具体的にどのように構成するかを説明する。例えば天気図で、各観測点でどの程度の強さの風がどの方向に吹いているのかを記号化したものをみたことがあるだろう。それと同様に、各位置でどの方向にどのくらいの速度の流れがあるのかをモデル化する必要がある。

この速度の流れは入力空間の次元数と同じ次元数をもったベクトルで表わす。例えば、2次元の平面を考え、その中でおきている流れを考える。位置Aでは東の向きに時速3mで流れているとすれば、1時間後には、その位置にあったものは3m東にあることを意味する。この場合、2次元の入力に対し、速度ベクトルも2次元である。

このように空間の各点にベクトルが対応づけられたものを一般にベクトル場とよぶ。今回は流れを表わすために、各点に速度ベクトルが割り当てられた速度ベクトル場を表わしたいことになる。しかし、ここで問題がある。高次元空間の速度ベクトル場を表わすには非常にたくさんの情報を保存・管理しなければいけないことである。高次元空間は広大であるため、

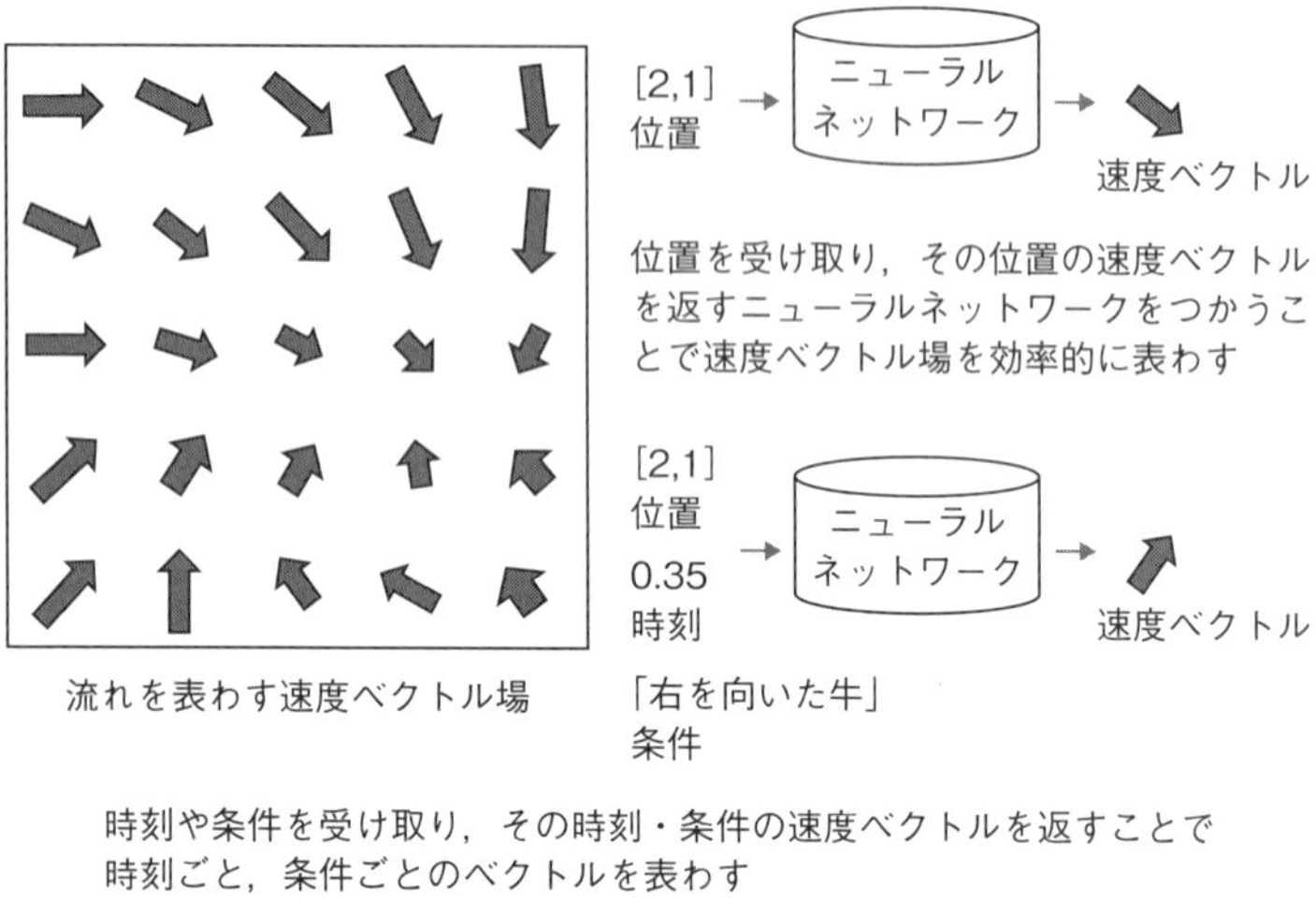
[2,1]
位置
ニューラル
ネットワーク
速度ベクトル
位置を受け取り，その位置の速度ベクトルを返すニューラルネットワークをつかうことで速度ベクトル場を効率的に表わす
[2,1]
位置
0.35
時刻
ニューラル
ネットワーク
速度ベクトル
流れを表わす速度ベクトル場
「右を向いた牛」
条件
時刻や条件を受け取り，その時刻・条件の速度ベクトルを返すことで
時刻ごと，条件ごとのベクトルを表わす

図28　流れは速度ベクトル場によって表わされる．直接速度ベクトル場を表わすのではなく，位置を受け取り速度ベクトルを返すニューラルネットワークをつかって，速度ベクトル場を効率的に表わす．

適当に区域ごとに区切って表わすといったことも簡単ではない。

　このようなベクトル場はニューラルネットワークを用いて効率的に表わすことができる(図28)。速度ベクトル場を表わすニューラルネットワークは、入力として空間座標を受け取り、その位置における流れを表わす速度ベクトルを出力する。このモデルは位置を変えれば異なる位置の速度ベクトルを返すようになっている。この場合、ニューラルネットワークのパラメータ数のみ保存すればよい。このニューラルネットワークによるモデルは、速度ベクトル場という膨大な情報を、ニューラルネットワークのパラメータとして非常に高い圧縮率で保存しているといえる。

さらにニューラルネットワークは時刻も受け取れるようになっている。この場合は時刻ごとに異なる速度ベクトル場を表わすことができるようになっている。

また、条件付き生成モデルをあつかえるように、様々な条件下での速度ベクトル場を求める必要がある。この場合も、ニューラルネットワークがさらに条件に対応する入力を追加で受け取れるようになっている。

このように、流れは速度ベクトル場を表わすニューラルネットワークによって表わされる。さらに時刻や条件などを受け取ることで、様々な異なる速度ベクトル場を1つのモデルで表わすことができる。

流れの結果の計算

流れは時間的・空間的に連続な量をあつかうが、現在の計算機は究極的には0と1しかあつかえないデジタル式であり、離散的な情報しかあつかえない。そのため、あるデータが流れに沿って移動していく様子をシミュレーションする場合には、時間を区切った上でそれらの区切られた間に発生した変位量(変化した位置の量)を計算し、それらの変位量を足していく必要がある(図29)。この計算は、数学における速度を関数としたときの積分を求める計算に対応する。

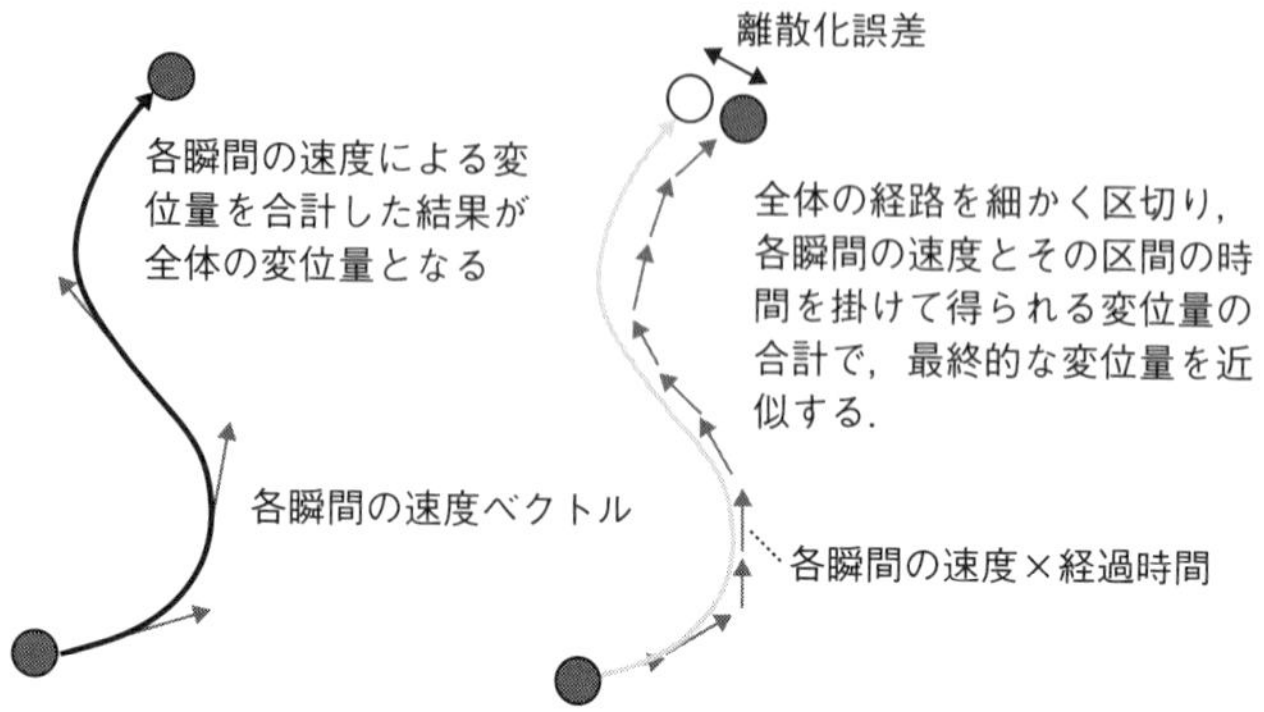

図 29　各瞬間の速度ベクトルをもとに，一定時間後にどれだけ移動したのかという変位量を求める．複雑な経路になるほど，近似したときの誤差は大きくなる．

一般にある曲線が与えられ、その曲線より下にある部分の面積を積分とよぶ。今回の曲線は速度ベクトルで与えられ、各瞬間の速度を足し合わせた結果が変位量となる。図29の例では2次元で与えられているが、実際は高次元の空間である。この曲線に積分の公式がつかえて解析的に積分の結果を求められる場合もあるが、今回の曲線はニューラルネットワークの結果として与えられているので、こうした公式をつかうことはできない。数値積分といって、曲線に囲まれた領域を細かく刻み、それらを長方形や台形など面積が求まる形の合計値として面積を近似しなければならない。

例えば、流れをつかった生成モデルの場合には、事前分布からモデル分布までの流れを100から1000ステップに分割し、それぞれのステップでの変位量を計算する。単純には各瞬間におけるその位置での移動速度をニューラルネットワークで求め、ステップあたりの経過時間と移動速度を掛けた結果を変位量とする。

このように、連続的な曲線に囲まれた領域を、簡単に求まる図形の面積の合計値で近似しているため、必ず誤差が発生する。この誤差を離散化誤差とよぶ。

特に、流れが曲がりくねっているような場合であればあるほど、時間を細かく刻んでおかなければ数値積分による誤差が大きくなってしまう。逆に流れが直線的であればあるほど、少ないステップ数をつかっても誤差は小さくなる。

学習時や生成時に必要な計算量やメモリ量はステップ数に比例する。曲がりくねった流れに対しては計算量やメモリ量が大きくなる。

流れをつかった生成はこのように、生成過程を細かいステップに分解しているということができる。この点については次の章でも詳しく述べる。

正規化フローの課題

流れをつかった生成モデルである正規化フローおよび連続正規化フローは従来の生成モデルにあった多くの問題を解決したが、まだ課題が残されていた。

まず、正規化フローではモデルに使用できる変換に大きな制約がある。具体的には、入力と出力が一対一対応する可逆変換であること、そして変換による確率の圧縮や膨張の割合を効率的に求められるものでなければならない。このような制約の中でも表現力の高いモデルが提案されてきたが、他のＡＩ技術で発展している手法を自由に取り入れることは難しい。

次に、学習時に非常に大きなメモリが必要となる点が挙げられる。正規化フローを用いた生成モデルを学習する際には、事前分布からモデル分布までのデータの流れをシミュレーションし、最尤推定によって、その流れを修正する必要がある。前の節で述べたように複雑な流れであることが一般的であるので、離散化誤差を十分小さくするためには、流れを１００から１０００ステップなどの多数に分解する必要がある。このプロセス全体が１つの大きなニューラルネットワークとしてあつかわれ、流れを制御するモデルのパラメータを修正する必要がある。

１ステップあたりの流れを表わすモデルの大きさを1とすると、事前分布の開始位置から、モデル分布の終了位置までの流れ全体を表わす仮想的なモデルの大きさはステップ数に比例し、１００や１０００になる。これだけ大きなモデルを直接あつかって学習するには、結果として各瞬間の流れを表わすモデルは小さいものしかつかえなくなる。

最後に、正規化フローおよび連続正規化フローでは、どのような流れを使用するかについて特に指定がないため、不必要に難しい流れを獲得してしまう場合が多い。このために学習が困難になり、学習時にみたことのない位置で異常な流れが発生しやすくなる。また、生成に必要なステップ数が増えて生成速度が遅くなる問題も生じる。

まとめ

この章では流れについて紹介し、また流れをつかって確率分布を表現する手法を紹介した。流れをつかうことによって、計算不可能な分配関数をあつかわなくても高次元の確率分布を表わすことができ、流れを表わすのに十分な表現力をもつニューラルネットワークをつかえば、複雑な確率分布を表わすことができることを示した。

こうした考えにもとづいて設計された正規化フローや連続正規化フローは一定の成功をおさめたが、流れには何も制約がないので複雑な流れを学習しやすく、また学習中に流れ全体をシミュレーションする必要があるので、大きなモデルがつかえなかった。こうした問題を解決したのが、次章で紹介する拡散モデルとフローマッチングである。

4　拡散モデルとフローマッチング

この章では、拡散モデルとフローマッチングとよばれる流れをつかった生成モデルを紹介する。これらは前章で紹介した正規化フローや連続正規化フローの問題を解決し、安定した学習を達成することができる。

これらのモデルの登場により、より大規模なデータ、かつ大規模なモデルをつかった生成モデルを学習することができるようになり、生成品質が飛躍的に改善されただけでなく、より複雑な生成対象もあつかえるようになった。

また、拡散モデルはエネルギーベースモデル、潜在変数モデルと接点があり、フローマッチングは最適輸送とよばれる分野と接点をもっている。これらについても説明していく。

拡散モデルの発見

拡散モデルは２０１５年にジャスチャ・ソールディックスタインらによって非平衡熱力学にもとづいて提案された。しかし当時はちょうど他の生成モデル（変分自己符号化器ＶＡＥや敵対的生成ネットワークGAN）が成功してきた時期であること、また、学習した結果が他手法と比べて特に優れていなかったため、注目されなかった。

２０１９年にヤン・ソングらが後述するスコアとよばれる確率分布にもとづく流れを推定し、それをつかって高品質なデータ生成ができることを示した。これをスコアベースモデルとよぶ。

彼らは元の確率分布をそのままつかってスコアを求めた場合には、学習データから遠く離れた位置にはスコアによる流れが発生せず、データ生成が失敗することをみつけた。そこで学習データに徐々に強いノイズを加えて崩していき、学習が行なわれる領域を空間全体に広げた上で、それぞれの崩した確率分布におけるスコアを求め、それらを組み合わせてつかうことで高品質な生成に成功できることを示した。

２０２０年にジョナサン・ホーらが、スコアベースモデルと拡散モデルが、実は同じ問題を解いていることを示すとともに、モデルや学習の工夫によって、それまで提案されていた生成モデルに匹敵する高品質な生成ができることを示した。

その後、拡散モデルが後述する多くの重要な能力をもっていること、拡散モデルをつかった生成モデルの生成品質が他手法を凌駕していることが認知され、拡散モデルが再び脚光を浴びることになった。

これと並行して、言語モデルなどのテキストデータの生成モデルも大きな成功を収めていた。2021年ごろになると、DALL-EやCLIPなど、言語モデルによって作られたテキストによる条件付けと画像生成を組み合わせることで、言語で指示を出して画像を生成できるという手法が多く登場するようになっていく。

一般の拡散現象

それでは拡散モデルについて説明しよう。はじめに、物理世界で一般にみられる拡散現象について説明する。例えば、水面上にインクで字を書いたとする。このインクで書かれた字は、時間がたつにつれて徐々に崩れていき、最終的にはインクが水全体に一様に混ざる。これを拡散現象とよぶ。

拡散現象は、水を構成する水分子とインクを構成するインク分子がランダムに移動し続ける中で、これらの分子同士がランダムにぶつかり合い混ざっていくことで生じる。

もし、このインクが拡散していく過程を逆向きに再生することができれば、水中にインクが一様に混ざった状態から、再びインクで字が書かれた状態に戻ることができる。つまり、秩序をもった対象にノイズが加えられて徐々に破壊されて完全な無秩序になる過程を逆向きにたどることで、無秩序から秩序を生み出す過程、すなわち生成を実現できるのではないか、という考え方である。これが拡散モデルの基礎となるアイデアである。

コラム◉ブラウン運動

1827年にロバート・ブラウンが花粉から水中に流出した微粒子がランダムに動き回る現象を発見した。これをブラウン運動とよぶ。なぜこのような動きが発生するのかは長年謎であったが、1905年にはアインシュタインが、この現象がランダムに運動（熱運動）する分子同士の衝突によって引き起こされることを示した。これは、目にみえない分子が実在することを初めて示した重要な発見である。この現象は肉眼でも実際に観察することができる。拡散現象も、インクや水分子のブラウン運動によって生み出されている。このように毎回ランダムな方向に移動する様子は、まるで酔っ払った人がランダムに行きつ戻りつするようでもあることから、ランダムウォーク（または酔歩）とよばれる。

このブラウン運動の数学的なモデルはウィーナー過程とよばれ、金融工学などでも重要なツールとなっている。金融においては無数の参加者による売買によって、金融商品の価格がまるで水中でインク分子が激しく動くかのように瞬間的に高くなったり低くなったりして変わっている。このように、ブラウン運動は、分子の発見につながり、現代の金融商品の値付けに役立ち、画像や音声の生成技術につながっている重要な現象である。

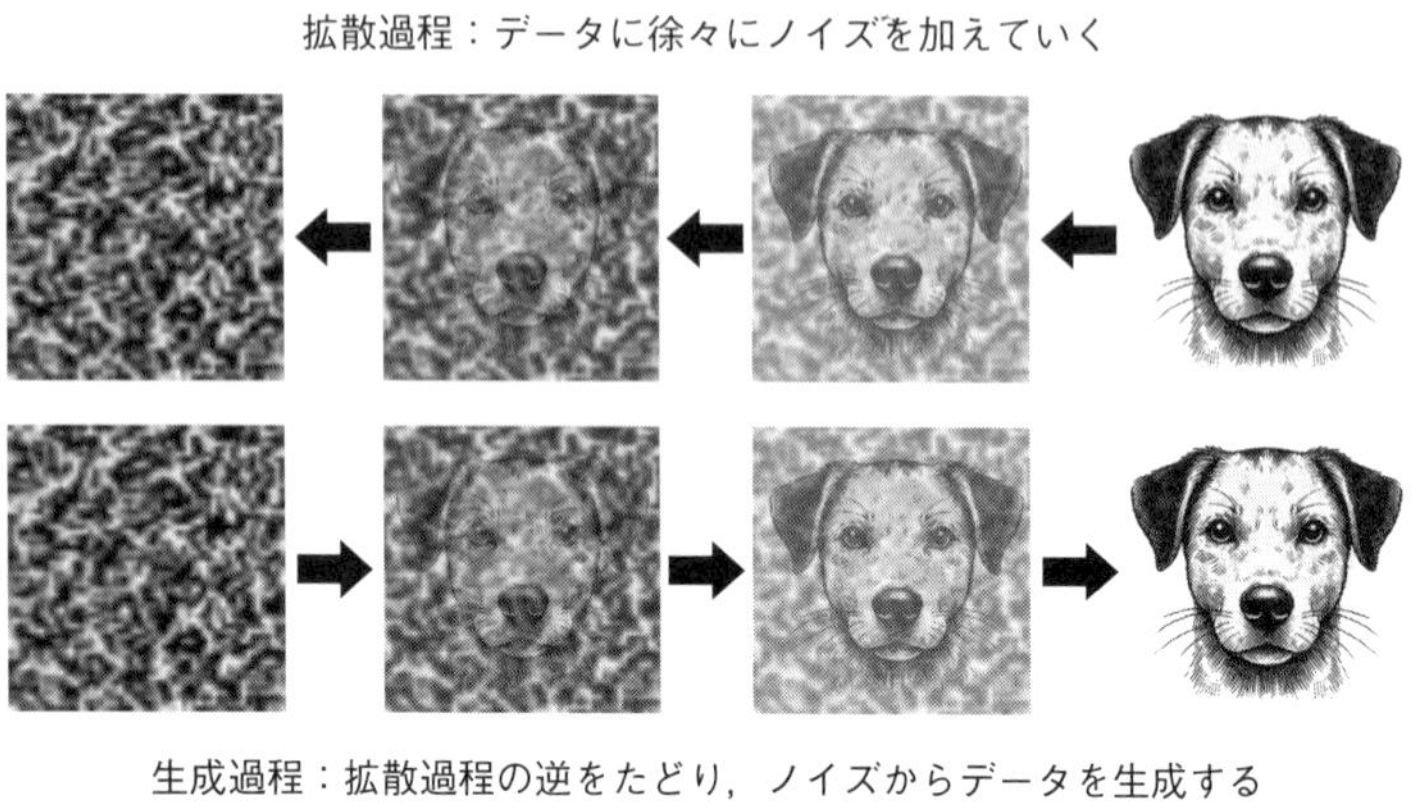

拡散過程：データに徐々にノイズを加えていく
生成過程：拡散過程の逆をたどり，ノイズからデータを生成する

図30　拡散モデルはデータに徐々にノイズを加えて破壊していく拡散過程を考え，この逆をたどる過程によって，正規分布からデータ分布まで変化する流れを構成する．

拡散モデルとは

それでは、拡散過程を利用した生成モデルである拡散モデルについて具体的に説明しよう。はじめに学習用のデータを用意する。これは集団としては、まるで水面上にインクで書いた字のように、空間中に秩序をもって分布している。これをデータ分布とよぶことにしよう。

しかし、これらのデータは2次元ではなくデータが存在する高次元のデータ空間上に分布していることに注意してほしい。例えば、前章で説明したように各データは高次元空間中の点として表わされ、これらの点の集合による分布をなしている。

次にこれらのデータにノイズを加えていき破壊していく(図30)。一般に計算のしやすさ

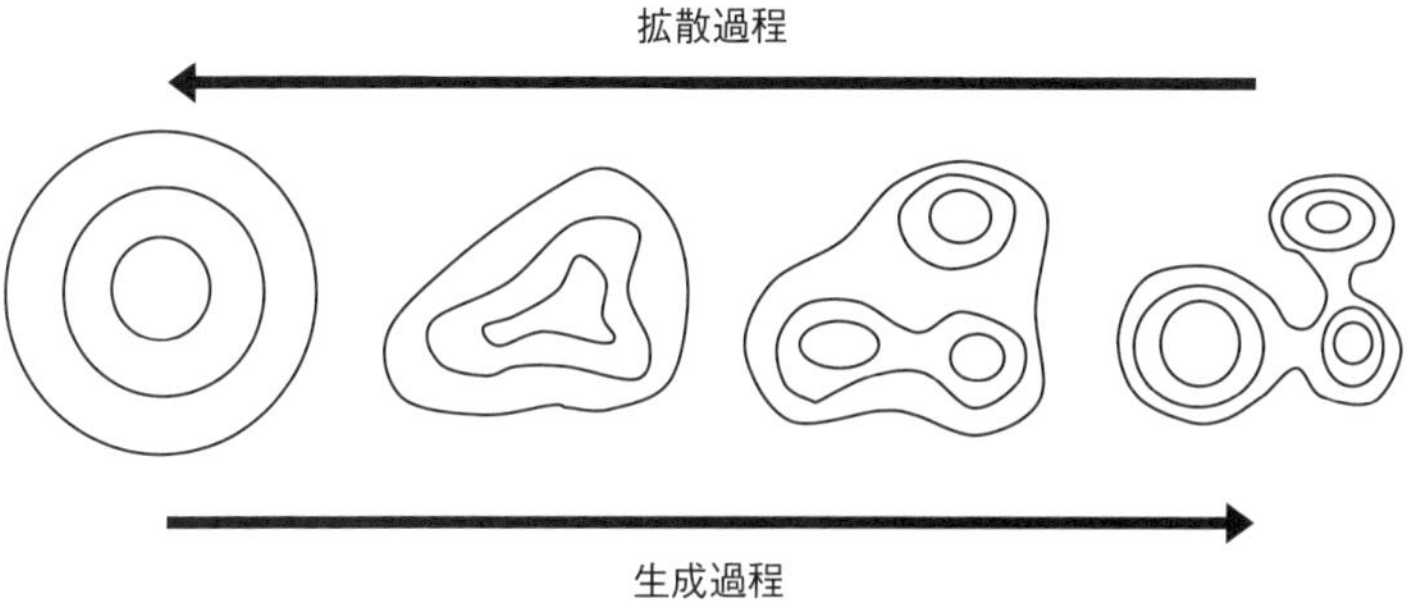

図 31　拡散モデルの拡散過程を分布でみた場合，最初のデータ分布の形が徐々に崩れ，正規分布へと変わっていく．逆に生成過程は正規分布からデータ分布へと変わっていく．この過程ではたとえデータ分布に山や谷があったとしても(多峰性)，それらが１つの山からなる分布(単峰性)に連続的に変換される．

や理論的な性質の良さから、正規分布に従うノイズを加える場合が多い。これは前述のブラウン運動と同じである。なお、データに任意のノイズをたくさん加えていった場合、それらのノイズが一定の条件を満たすなら、それらのノイズの合計の分布は正規分布で表わすことができる。このノイズは一般に強度を上げながら加え続け、データが正規分布からのサンプルと区別がつかなくなるまで続ける。

生成の際にはこの逆をたどる。正規分布からサンプリングしたデータからスタートし、各時刻、各位置において、拡散過程によっておきていた流れと逆向きの流れによってデータを変化させていく。そうすれば、まるで逆再生するかのごとく、最終的にはデータ分布からのサンプルとしてみなせるように変化させる。

さきほどはデータ単位でどのように変化する

かをみていた。分布としてみた場合を考えてみよう(図31)。拡散過程の最初はデータ分布からスタートする。これが拡散過程によって徐々に形が崩れていき、山は広がり、徐々に確率分布は空間全体に広がるとともに、中心に山が1つの正規分布のような形へと変化していく。最終的にはデータ分布の形は完全に失われ、正規分布と区別がつかなくなるように変化し続ける。つまり、拡散過程は確率分布をデータ分布から正規分布まで変化させていく。逆に生成過程は正規分布からデータ分布へと変化させる。

これが拡散モデルによる生成モデルの学習となる。

拡散過程が生み出す流れ＝スコア

この拡散過程によって生み出される流れとは何かをもうすこし具体的にみていこう。水面にインクを垂らしたときの状況を仔細にみれば、水分子とインク分子が激しく運動しながら衝突を繰り返しランダムな方向に広がっていくという過程がおこっている。1つの箱の左半分に白いボール、右半分に黒いボールをたくさんいれて箱をふっていくと、白いボールと黒いボールが徐々に混ざっていくだろう。まさにそのような過程がおきている。

この拡散過程によって、無数の粒子がランダムに動いているはずだが、この粒子の集団が平均的にどのような速度でどの方向に動いているのかを調べることができる。インク分子の集団が拡散していく場合、集団として平均的には、インクの濃い位置から薄い位置に向けてインク分子が広がっていく流れが生じている(図32)。インクがある位置を確率が大きい位置とすれば、確率が大きい位置から小さい位置に向かって広がっていく流れが生じていることになる。

この流れとちょうど逆向きの流れをスコアとよぶ。スコアは、各位置において確率の対数が最も急激に増加する方向とその大きさを示すベクトルである。

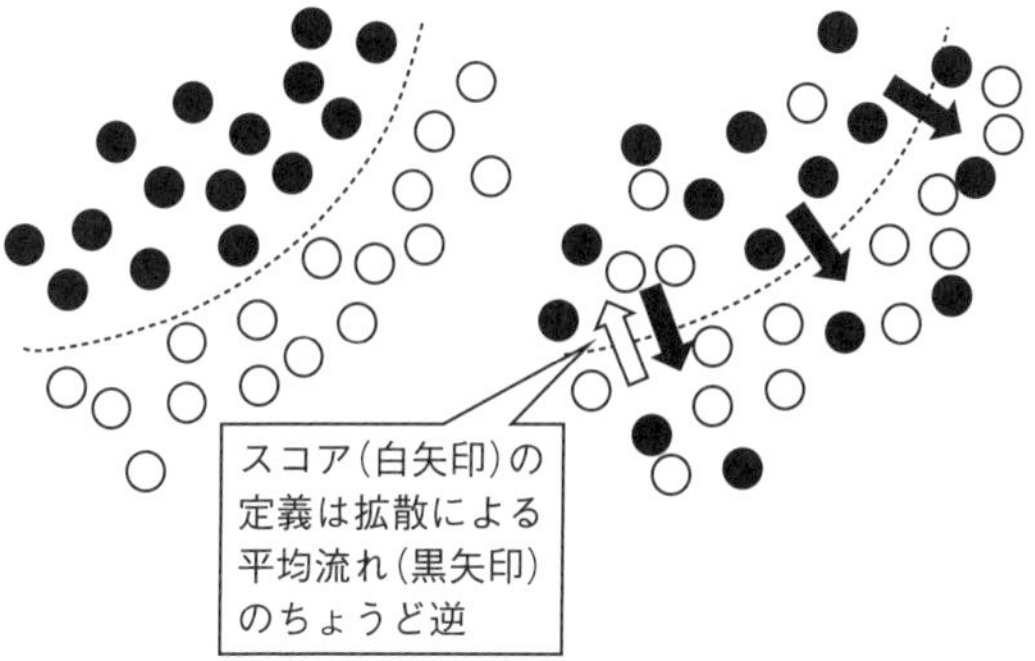
スコア(白矢印)の定義は拡散による平均流れ(黒矢印)のちょうど逆

図32　拡散過程によって，無数の粒子がそれぞれランダムに動きながら混ざるが，平均的にどのような速度でどのような方向に動くのかをみると，インクの濃い位置から薄い位置に向けて広がっていく流れが生じる．これはちょうどインクの濃さの等高線でみたときに，等高線と垂直に交わる方向の流れである．この流れのちょうど逆向きに対応するのがスコアである．

ここまでの話をまとめると、拡散過程によって確率分布は時々刻々と変わっていき、徐々に崩れていく。このとき、拡散過程が生み出す平均的な流れは、各位置からみて、確率が高い位置から低い位置に向けた方向への流れが発生している(正確には確率の自然対数をとった値の高い位置から、確率の自然対数をとった値の低い位置への流れ)。この流れはスコアによる流れのちょうど逆である。

よって、拡散過程を逆向きにたどるた

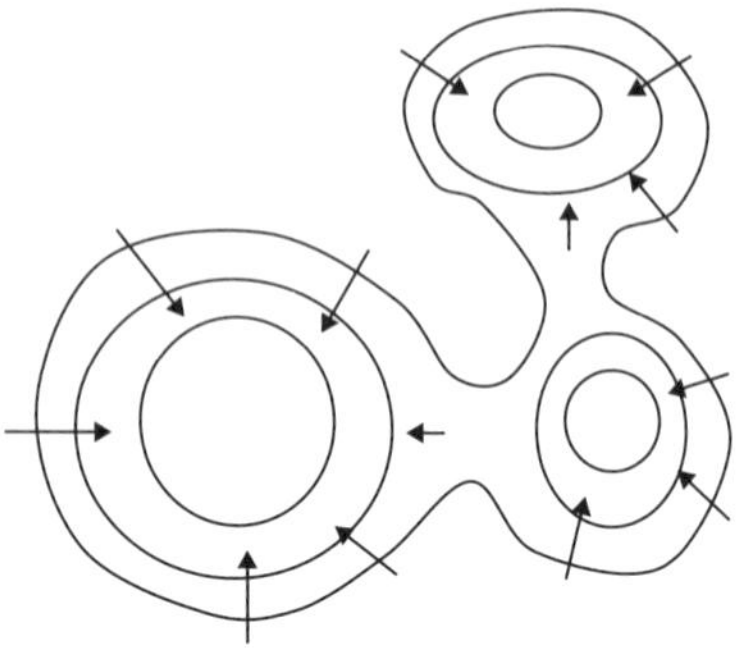

図 33　この図では２次元上の確率分布を表わす．スコアは各地点で確率の自然対数をとった値が最も急激に大きくなる方向と，その変化の大きさを表わすベクトル(矢印)である．また，ボルツマン分布におけるエネルギーと確率の対応において，スコアはエネルギーが最も急激に小さくなる方向とその変化の大きさを表わすベクトルと一致する．

めには、各時刻・各位置で発生していたスコアに従って変化させていけばよい。

スコアとエネルギーとの関係

スコアについてさらに詳しく説明しよう。各地点で確率の自然対数をとった値が最も急激に大きくなる方向とその変化の大きさを表わしたベクトルをスコアとよぶ(図33)。また、エネルギーと確率分布はボルツマン分布によって対応づけられると説明した。その状態(位置)を水平方向にとり、エネルギーを高さにとった等高線を考える。エネルギーが小さいほど確率は大きく、エネルギーが大きいほど確率は小さいことに注意してほしい。このとき、各地点で最も急激にエネルギーが小さくなる方向とその変化の大きさを表わしたベクトルと、スコアは一致する。つまり、拡散モデルにもとづいてデータを生成する流れというのは、エネルギーが最も急激に小さくなる流れと一致する。言い換えれば、エネルギーベースモデルでエネルギーを小さくしていくという流れとスコアは一致する。一方、エネルギーベースモデルの場合は時間がたっても変わらないエネルギーをつかっていたのに対し、拡散モデルの場合は時刻とともにエネルギーが変わるようになっている。この違いは重要で、拡散モデルが多様性のあるような分布からでも効率よくデータをサンプリングできる理由となっている。

時間と共にスコアは変化していく

ここまでみたように、拡散モデルによって拡散過程を逆向きに進むということは、各時刻においてその時点でのスコアによる流れに従ってデータを遷移させていくことであった。

このスコアによる流れは、今いる位置からデータ分布がどの方向に存在するかを示す羅針盤のような役割を果たす。自らの周辺にデータが存在していない領域においても、スコアはどの方向に進んでいけば、データの存在する確率が高い領域にたどりつくのかを教えてくれるのだ。

また、拡散モデルを作る際には、確率分布が崩れていくのに合わせて、それぞれの崩れたときのスコアを求める。この確率分布が壊れるということも重要である。拡散過程でデータ分布を破壊した直後には、スコアはデータの周辺にしか存在していない。データから遠く離れた場所は確率分布が平らで変化のない状況であり、スコアも大きさがほとんど0のベクトル、つまり流れがまったくないことになる。

高次元空間は非常に広大だと説明した。適当にデータを初期化した場合、ほとんどの場合

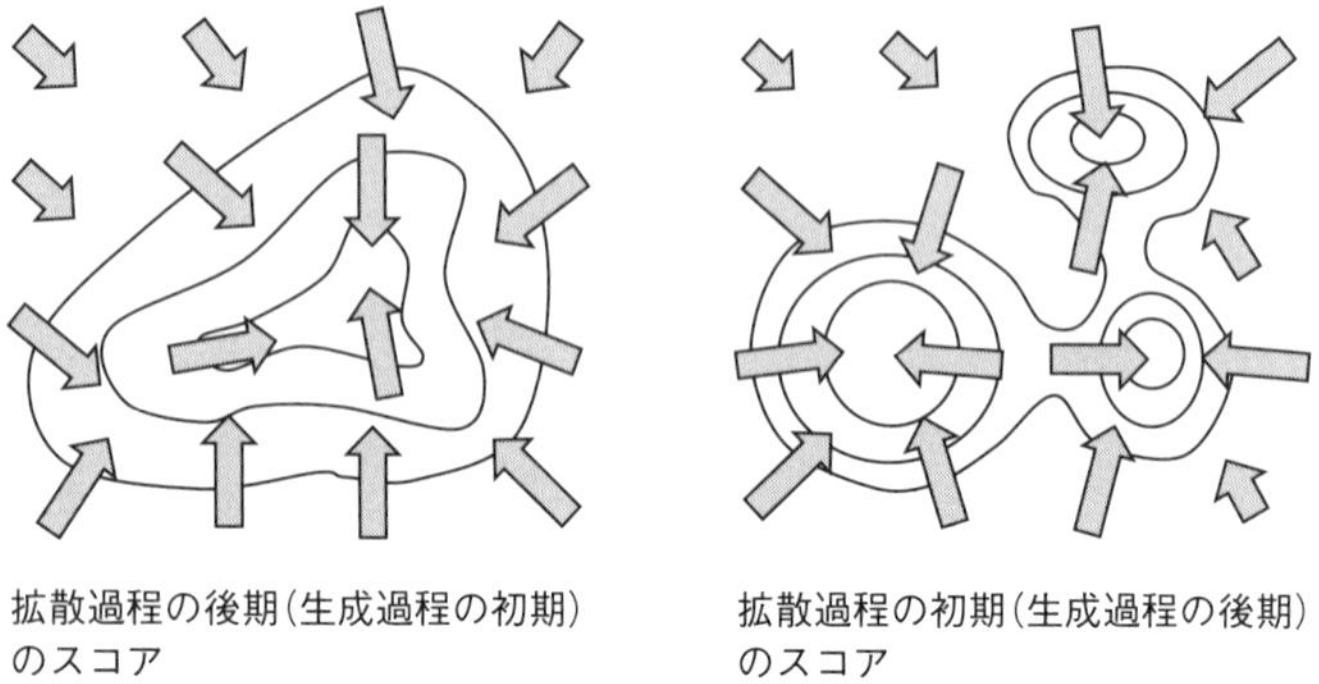
拡散過程の後期(生成過程の初期)のスコア
拡散過程の初期(生成過程の後期)のスコア

図 34　スコア(矢印)は確率が高い領域がどこかを表わす流れとなっている．また時刻ごとに流れは変わり，事前分布に近い頃では遠くのほうから徐々に寄せていく流れとなっており，データ分布に近づいていくとデータ分布の詳細な違いを捉えられるような流れとなる．

はデータ分布から遠く離れた位置にいることになり、スコアの流れをつかってデータ分布へたどりつこうとしても、流れがないため進むことができない。流れのまったくない大きな海のど真ん中に投げ出されたようなものだ。また、生成途中に離散化誤差や、モデル誤差によって、データが本来存在しないような領域に迷いこんでしまうかもしれない。

そこで時刻の概念を導入する。徐々に確率分布を崩していき、それぞれの時刻でスコアを求めていく。この場合、データが十分に崩れたときには、高次元データ空間全体に広がる流れを作ることができる(図34)。

そして、生成する際には、この逆向きにたどっていくわけだ。事前分布からスタートした直後は緩やかな流れだが、着実にデータ分布が濃い方向に向かう流れをつかまえて移動できる。

時間が進んでいくと、より詳細なデータ分布に対応したスコアに沿って移動でき、データを変化させていくことができる。

また、スコアは確率そのものではなく、確率の対数の等高線に従っていることも重要である。対数をとることによって、確率が小さいところでも傾斜は大きくなり、大きな流れを生み出すことができるからだ（確率の対数の勾配を計算すると、元の確率の勾配を確率で割った値となり、確率が小さい領域では勾配はむしろ大きくなる）。

デノイジングスコアマッチング

ここまでの説明で、スコアとよばれる流れさえ求めれば、拡散モデルはデータを生成できることを説明した。実はこのスコアは、データ分布から事前分布へと向かう流れの全体をシミュレーションしなくても求めることができる。これが拡散モデルの大きな特徴である。

前章で説明したように、学習のために毎回流れ全体をシミュレーションしようとすると、計算量が大きくなりすぎてしまうという問題がおこる。これに対し、拡散モデルの学習に用いるデノイジングスコアマッチングとよばれる手法では、シミュレーションせずにスコアを求めることができるという大きな特徴がある。これにより、大きなモデルをあつかうことができるようになった。

デノイジングスコアマッチングは次のような手続きでスコアを求める（図35）。

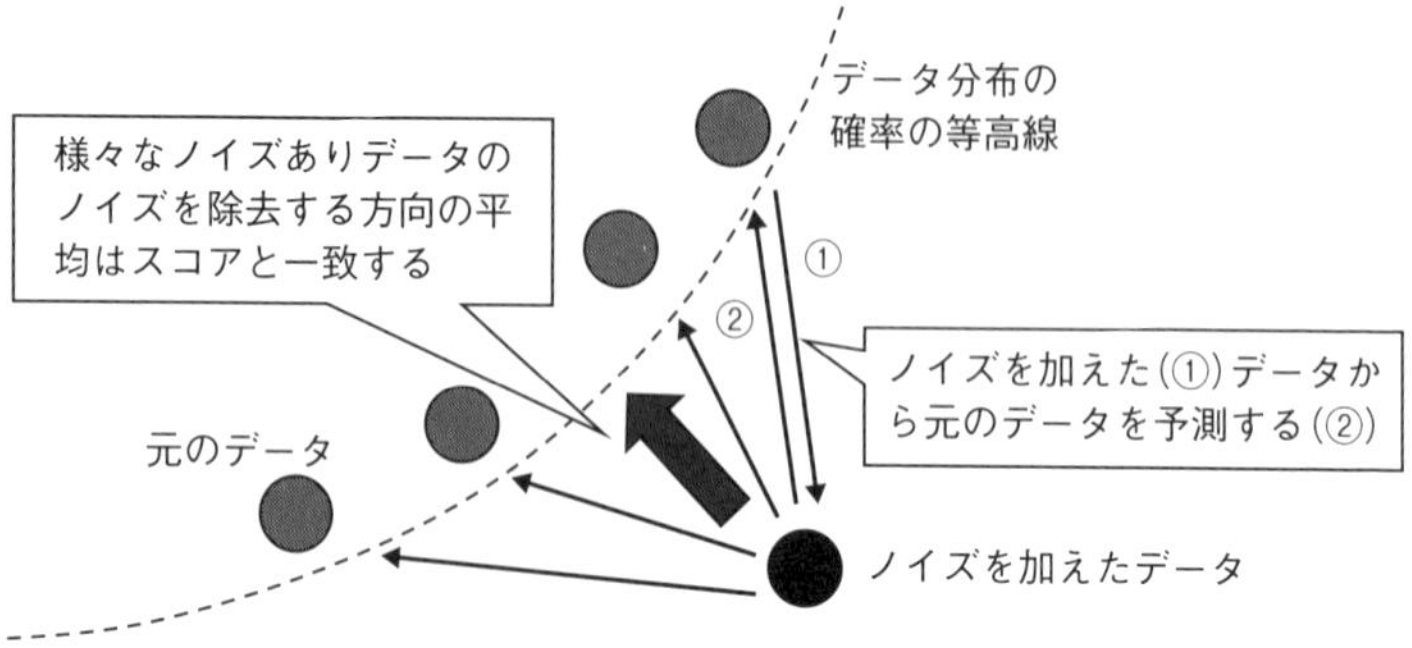

図35　デノイジングスコアマッチングは，ノイズを加えたデータを入力として，ノイズを加える前のデータを予測する．これらの予測1つ1つの方向はバラバラだが，平均としてはスコアの方向を予測するのが最適であり，ノイズを除去(デノイジング)するように予測すると，スコアを予測できるようになる．

まず、学習データからデータを1つサンプリングする。次にデータ分布から事前分布へと変換させていく間の途中の時刻を1つサンプリングする。そして、時刻に応じたノイズの強度を求め、その強度でデータにノイズを加える。

次に、ニューラルネットワークはノイズが加わったデータと時刻から、ノイズが加わる前のデータを予測できるように学習する。このとき、元のデータそのものではなく、ノイズそのものを予測してもよい。加わったノイズさえ予測できれば、元のデータは単に現在のデータからノイズを引けば求めることができるためだ。

このようにして、データにノイズを加え、そのノイズを除去、つまりデノイジングできるように学習する。ノイズが加わった後のデータはどのデータから来たかはわからないので、その中で最善なデノイジングができるように予測する。つまり、様々なノイズを除去する平均の方向を予測するようにする。

このようにして、時刻・位置ごとにデノイジングを予測できるようになる。そうなれば、与えられた現在のデータからデノイジングした、元のデータが求まる。このとき、「デノイジングしたデータから現在のデータを引いた差を加えたノイズの大きさで割った値」がスコアと一致することを示すことができる。

直観的には、デノイジングは現在のデータ分布にノイズを加えた上で、元の位置に戻る方向を推定することになる。このとき、元の位置へ戻る1つ1つの方向はバラバラだが、全体として確率分布の方向に垂線をおろした方向が得られる。これは、確率の対数をとった分布を等高線としてみたときに、その等高線の傾斜を推定しているのと同じである。

具体的にこのデノイジングの学習を画像の場合で考えてみよう。ノイズを加えるということは、画像に砂嵐のようなノイズを加えることを意味する。短い経過時間の後であれば弱いノイズ、長い時間の後であれば強いノイズが加わる。そして、デノイジングは、この砂嵐が加わった画像から元の画像を予測することに対応する。

シミュレーション・フリーな学習は学習の一部分を取り出す

デノイジングスコアマッチングには流れ全体をシミュレーションせずに学習できるという

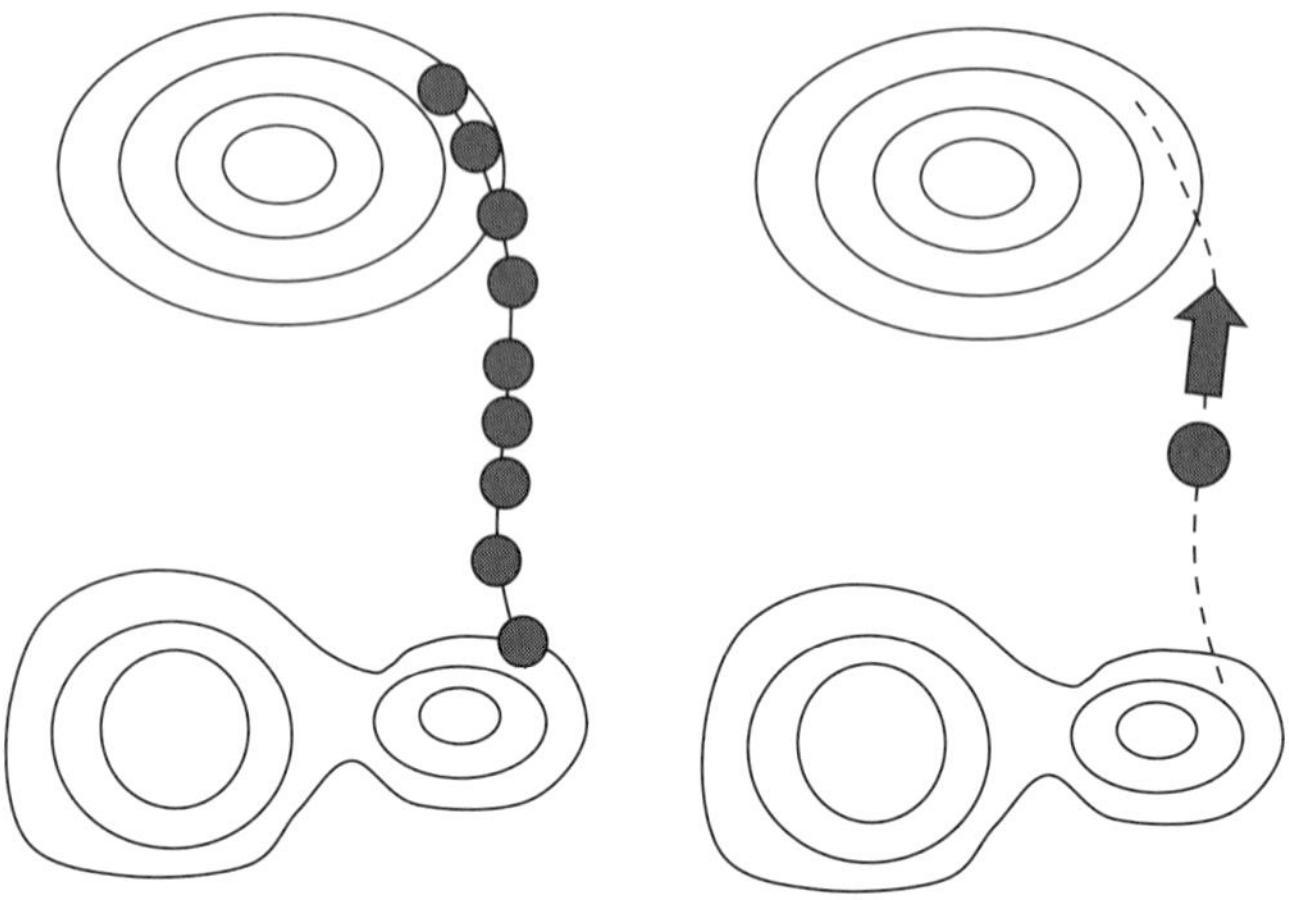
従来は流れ全体をシミュレーションし学習しなければならなかった
流れ全体(点線部分)をシミュレーションせずに流れの経路の一部分だけを取り出して学習できる

図 36　デノイジングスコアマッチングは流れ全体をシミュレーションする必要がなく，流れの一部分だけを取り出して学習できる．そのため，従来は不可能だった大きなニューラルネットワークを流れの推定につかうことができる．

利点があることを述べた。シミュレーションを必要としないこと(シミュレーション・フリー)についてあらためて取り上げたい。

これまで述べてきたように、流れを予測できるモデルは非常に強力であることが求められる。これらのモデルは広大な高次元空間を相手にして、その中での複雑な確率分布を間接的に表現できるほどの能力をもつ必要がある。そのためにモデルを大きくすると、計算機が必要とするメモリ量は膨大になってしまう。

シミュレーション・フリー

であれば、こうした流れを学習する際に、流れの一部分だけを取り上げて、そこを修正することを繰り返せば学習することができる(図36)。

例として、自宅から会社まで自走できるように、ロボットに移動を学習させる場合を考えてみよう。学習のたびに全行程を走らせないといけないとしたら、その大変さは容易に想像できる。これに対し、シミュレーション・フリーによる方法は問題を分割できる。いわば、「自宅にいたらまず、どこに向かうか?」「最初の交差点にいたらどこに向かうか?」という具合に、それぞれの位置ごとに、どこに向かうかを修正していくという手法である。経路がどれだけ長いとしても、それぞれの問題ごとに独立の予測問題としてあつかうことができる。

シミュレーション・フリーである学習によって、流れを求める問題を単純に、時刻・位置ごとに進む方向と速度を予測する問題に変換できる。この学習はシミュレーション全体がどれだけうまくいくかという問題にも影響をうけない。

シミュレーション・フリーである手法によってはじめて、今日のような大きなモデルでかつ大量の学習データをつかって安定的に学習できるようになった。

拡散モデルによる学習と生成のまとめ

以上の拡散モデルによる学習と生成を再度まとめる。学習において拡散モデルは、デノイジングスコアマッチングにより各時刻と各位置におけるスコアを推定できるようにする。生成においては事前分布からデータをサンプリングする。そして、時刻を逆向きに進め、サンプリングされたデータをスコアの流れに沿って更新していく。この最終結果のデータは、データ分布からサンプリングされたデータとみなすことができる。

拡散モデルによって生み出される流れの特徴

事前分布からデータ分布を作り出すような流れは無数に存在するが、その中でも、ガウシアンノイズ(正規分布に従うノイズ)によってデータを徐々に破壊することで生まれる流れは、実際のデータ生成過程と似たような流れを生み出すことができる。これを画像の例で説明する。

例えば、犬の画像に砂嵐のようなノイズを加えた場合を考えてみよう。最初は小さなノイズによって毛並みなどの詳細部分が破壊される。次に、中くらいのノイズで目や耳などが元の形がわからないほどに破壊され、最終的には大きなノイズで輪郭も含めて全体が破壊され、元の画像が犬であったかどうかがわからなくなる。

生成においては、この逆の過程をたどることになる。最初に犬の輪郭が生成され、次に目や耳が生成され、最後に毛並みが生成される。画像や音声のような情報は、詳細な部分と全体に関わる部分で構成され、詳細部分は高周波成分で、全体に関わる部分は低周波成分で表わされる。ガウシアンノイズによって最初に破壊されるのは高周波成分であり、低周波成分は後で破壊される。逆に、最初に生成されるのは低周波成分であり、高周波成分が後で生成される。

拡散モデルはガウシアンノイズが規定した流れによって、概要から詳細を順に生成する流れをつかって生成するのだ。

このように、拡散モデルによって得られる生成過程は、データの生成過程と似た流れをもつ。このため、学習がしやすく、汎化もしやすいと期待される。

拡散モデルと潜在変数モデルの関係

拡散モデルは前章で説明した様々な生成モデルと接点がある。

まず、拡散モデルは潜在変数モデルの一種とみなすことができる。前の章で説明したように、事前分布からサンプリングされたデータは流れに沿って次々と階層的な潜在変数をサンプリングしていくことに相当する。

潜在変数モデルの場合は、データ（観測変数）から潜在変数を予測する認識モデルと、潜在変数からデータを予測する生成モデルの組を学習する必要があることを説明した。

実は拡散モデルは、変分自己符号化器（VAE、第2章）でもあり、拡散過程は学習不要の固定の認識モデルであるとみなすことができる。つまりデータを拡散によって破壊していくことで、そのデータを生成したであろう抽象的な表現を表わす潜在変数を自動的に獲得しているとみなせるのだ。

潜在変数モデルにおいて認識モデルの学習が難しいと説明した。例えば、どのデータに対しても同じような潜在変数を予測してしまい、生成モデルにおいても推定された潜在変数を無視するという現象(事後分布崩壊)がおこりやすい。そのため、従来の潜在変数モデルは潜在変数の層数を増やすことや、大きなモデルを学習することが難しかった。

これに対し拡散モデルは、認識モデルとして拡散過程をそのままつかい、それを固定した上で、それに対応する生成モデルを学習しているとみなすことができる。認識モデルは固定であるため、生成モデルにとっても学習しやすい利点があるとみられる。

データ生成の系統樹を自動的に学習する

拡散過程は実は認識モデルであるという考え方の理解を深めるために、別の説明をしてみよう。データにノイズを加えていくと、2つの異なるデータが見分けのつかないデータになる。例えばよく似た2匹の柴犬の写真があるとする。もちろん元の写真にはそれぞれの犬の特徴が表われていて、区別がつく。この写真にある程度のノイズを加えれば、どちらの柴犬だったのか、見分けがつかなくなる。さらにノイズを加えれば、別の犬種の写真とも区別がつかなくなる。つまりノイズを加えていけばいくほど、だんだんと似た写真(データ)の見分けがつかなくなり、元のデータは他のデータと混ざっていくということである。

この場合の生成は、今の過程を逆向きをたどっていくことになる。すると生成においては最初に、どのような種類の犬を生成するかという分岐があり、柴犬を選択する。次に、よく似た柴犬の中でもどの柴犬を生成するかを決める。

このように、ノイズによってデータの区別がつかなくなっていく過程は、データの系統樹を作っているようにみなすことができる。データの生成はまさにこの逆向きに、どのようなデータを生成するかの分岐点の選択をしているようにみなすことができる。

拡散モデルはエネルギーベースモデルである

次に、拡散モデルとエネルギーベースモデルの関係を述べる。

第2章でエネルギーベースモデルは、各データのエネルギーを定義し、エネルギーが小さくなる方向にデータを自発的に変化させていくことで生成データに近づいていくと説明した。スコアはこのエネルギー関数が生み出す等高線において、最も急激にエネルギーが小さくなる方向と一致する。つまり、スコアに従ってデータを変化させることは、エネルギーが小さくなる方向にデータを更新することと一致するのである。

このように考えると、拡散モデルはエネルギー関数を直接推定する代わりに、そのエネルギー関数の各地点での傾きであるスコアを推定している手法だとみなすことができる。つまり、同じ問題を別の表現で表わし、それを推定しているといえる。エネルギーを直接推定する場合には分配関数の問題があったが、スコアを推定する場合にはこれらを求める必要はなく、さらにデノイジングスコアマッチングによって効率的に学習することができる。

拡散モデルは流れをつかった生成モデルである

もちろん拡散モデルは流れをつかった生成モデルの一種である。流れによる確率の圧縮や膨張を拡散モデルの場合でも求めることができるため、拡散モデルでは確率(尤度)を求めることができる。正規化フロー・連続正規化フローとは違って、デノイジングスコアマッチングによりシミュレーション・フリーで学習できるとともに、拡散過程で求まるスコアという性質の良い流れをつかって学習している点が大きな違いである。拡散モデルは、これまでの章で紹介した様々な生成モデルによる生成手法の集大成となっている。

フローマッチング：流れを束ねて複雑な流れを作る

ここまで拡散モデルについて説明してきた。ここからは流れをつかったもう1つの生成モデルとしてフローマッチングを紹介する。フローマッチングは基本単位の流れを複数束ねることによって、複雑な分布間の流れを求める。

拡散モデルと比較すると、拡散モデルでは、事前分布は拡散した結果の分布(通常は正規分布)しかつかうことができず、また生成につかう流れはスコアに固定であった。これに対し、フローマッチングは、任意の分布間の流れを求めることができ、また、その際に利用する基本単位の流れも自由に設計することができる。

フローマッチングが特に強力なのは、とりわけ性質の良い最適輸送とよばれる流れを基本単位の流れとしてつかった場合である。フローマッチング自体は基本単位の流れとして任意の流れをつかえるのだが、ここでは最適輸送を基本単位の流れとしてつかった場合のみ説明する。この最適輸送とは何かを次に説明しよう。

最適輸送とは

最適輸送は、確率論や最適化理論などで広くつかわれている数学的概念である。最適輸送は１７８１年にフランスの数学者ガスパール・モンジュによって提唱され、その後、第二次世界大戦中にソビエト連邦の数学者兼経済学者であるレオニート・カントロヴィチが、資源の効率的な配置問題を解決するためにさらに発展させた。彼らの名を冠して「モンジュ・カントロヴィチ問題」ともよばれる。カントロヴィチは最適輸送を含めた資源の適正配分に関する一連の研究により、１９７５年にノーベル経済学賞を受賞している。

最適輸送の基本的なシナリオとして、異なる場所に積まれた土砂を、必要な場所の穴を埋めるために最小のコストで移動させる問題を考える（図37）。ここでのコストは、移動する土砂の量と距離に比例するとする。このとき、最適輸送は全体の輸送コストが最小となる移動

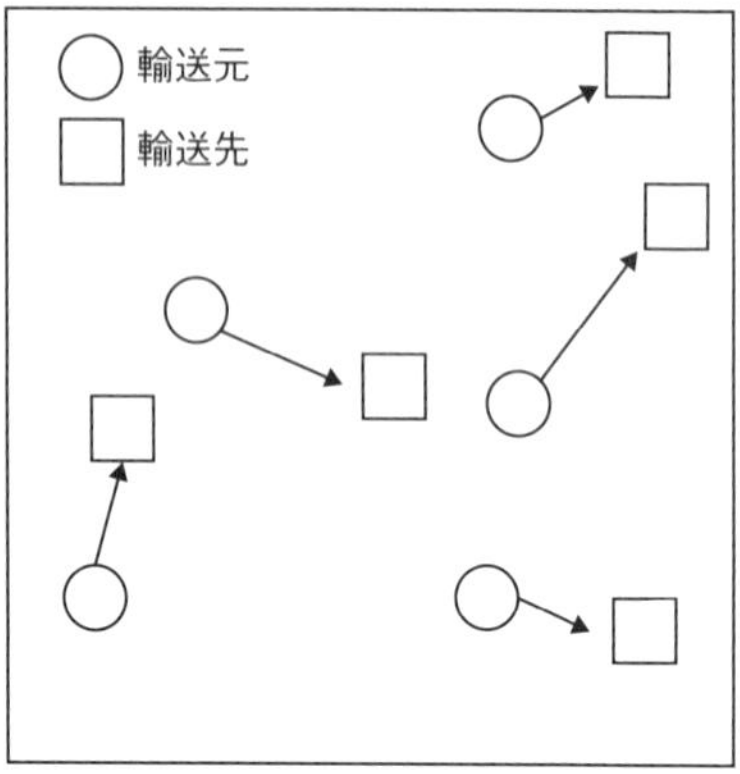

図 37　最適輸送は，輸送元から輸送先まで最小のコストで輸送する問題を考える．コストは輸送量と距離に比例するとする(一般化は本文参照)．

経路を求めるものである。土砂は現在の位置からできるだけ近い場所に運ばれるべきだが、全体として最適な配置を考える必要がある。

この理論は、物流や製造業など、複数の生産地や消費地が存在する資源の配置や割り当ての問題において広くあてはまり、実用上も重要である。

このとき、全体のコストが最小となるような移動元から移動先への移動を最適輸送とよぶ。この最適輸送においては、輸送元と輸送先の間の2点をつなぐ経路は(平坦な空間・ユークリッド空間においては)常に直線になるという特徴がある。

最適輸送をつかった生成

この最適輸送は確率分布間の流れにそのまま適用できる。具体的には、事前分布からデータ分布への最適輸送を求めることができれば、事前分布からサンプリングし、それを最適輸送で変換した結果はデータ分布からのサンプリングとすることができる。

最適輸送自体は、輸送元の分布と輸送先の分布を対応づけるものだが、その間の流れは各移動元と移動先をつなぐ直線上で物質が等速直線運動している流れを考えればよい。この場合、事前分布中にある物質は開始直後から最終目標地点まで一直線に進んでいくことになる。

最適輸送による流れと、拡散モデルによって生み出される流れとでは、どのように違うのかをみてみよう。拡散モデルの場合は拡散過程によってデータ分布から事前分布に向かう流れを求め、この逆向きの流れを構成していた。拡散モデルによる流れは一般に最適輸送ではなく、事前分布からスタートしたデータは、直線ではなく少し回り道をするような経路で最終分布中の対応する位置まで到達する。

これに対し、最適輸送による流れの経路は直線である。そのため、1ステップで生成することができる。つまり事前分布からサンプリングされたデータに対して、最適輸送による輸送先は1ステップで求められる。拡散モデルをつかったサンプリングは数百から数千ステップを必要としていたので、それに比べて数百倍から数千倍の高速化が達成できる。

最適輸送を直接求めるのは計算量が大きすぎる

このように最適輸送をつかったデータ生成は理論的には有望であるが、工学的に問題がある。それは、データ点数が多い場合、最適輸送を求めるための計算量が急激に大きくなってしまうということである。計算機は連続値である分布を直接あつかうことができないので、最適輸送を求める場合には、確率分布を離散化してデータ点の集合同士の最適輸送を求める必要がある。

この場合、データ点数が多くなるにつれて最適輸送を求めるのに必要な計算量が爆発的に増加してしまう。点数が少ない場合は線形計画法とよばれる方法やグラフにもとづく手法をつかって効率的に求めることができるが、点数が多い場合には必要な計算量が急激に大きくなってしまう。例えば、現在で最も高速な手法を用いても、数千点程度のデータ点数に対する最適輸送しか求められない（近似的な解を得る場合でも数百万点である。この場合はGANに関連した手法で最適輸送を求める）。

一方で、通常の生成モデルを学習する場合に利用する学習データ量は数万点、多い場合は数百万から数億点となる。そのため、事前分布からデータ分布への最適輸送を直接求めることは一般に難しい。

こうした問題を回避するため、フローマッチングにもとづく手法は、計算可能な大きさの最適輸送の問題に分解し、それらの流れを束ねることで分布間の流れを求める。

フローマッチングの学習

フローマッチングにもとづく方法は、データごとの事前分布から各データ点への最適輸送を束ねて、事前分布からデータ分布への流れを求める。

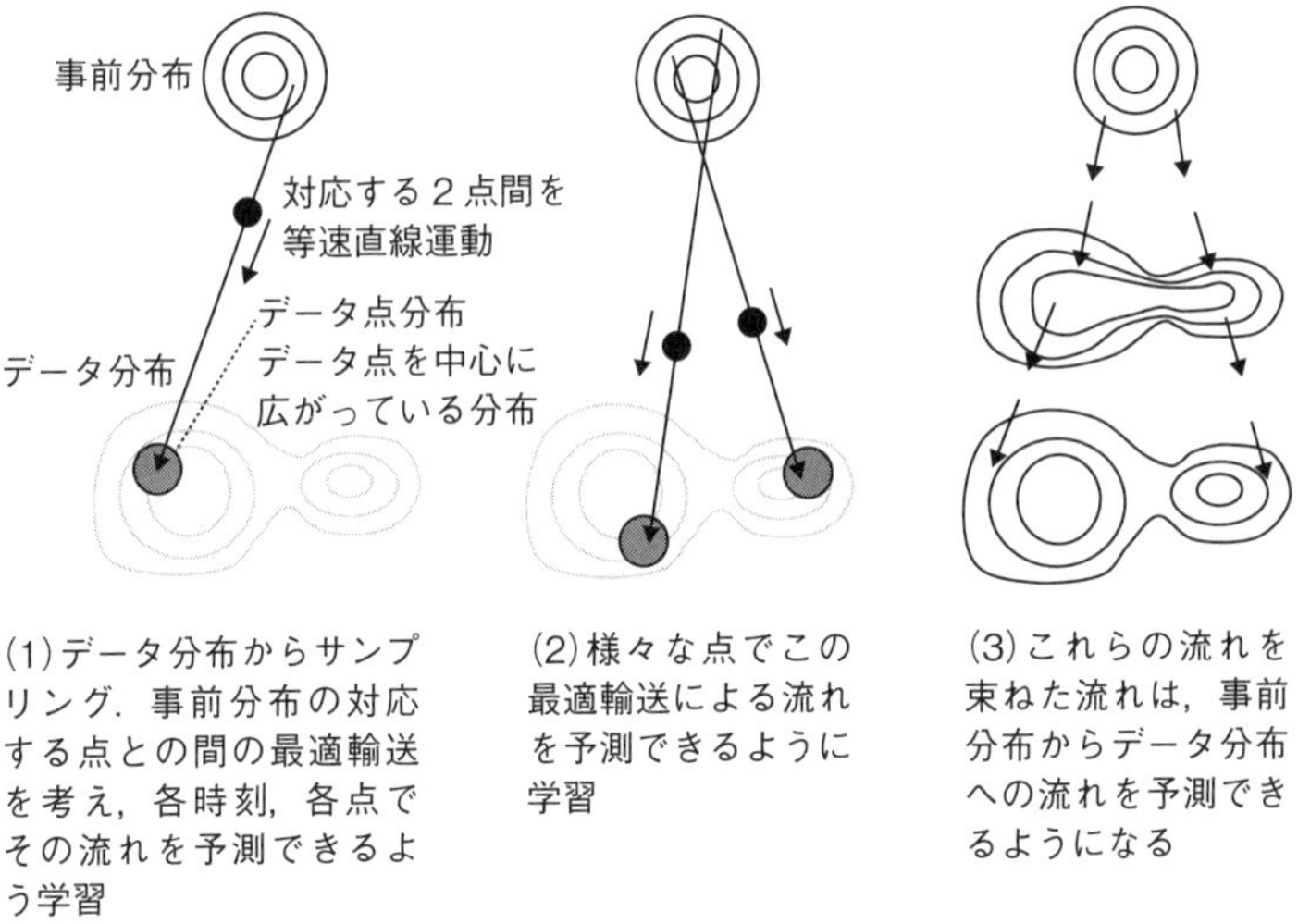
事前分布
対応する２点間を
等速直線運動
データ点分布
データ点を中心に
広がっている分布
データ分布
(1)データ分布からサンプリング．事前分布の対応する点との間の最適輸送を考え，各時刻，各点でその流れを予測できるよう学習
(2)様々な点でこの最適輸送による流れを予測できるように学習
(3)これらの流れを束ねた流れは，事前分布からデータ分布への流れを予測できるようになる

図38　フローマッチングにもとづく事前分布からデータ分布への流れの学習．データ分布からサンプリングしたデータ点を分布とみなし(図では灰色でぼやけた分布)，事前分布とデータ点をぼやかした分布間の最適輸送を予測できるように学習する．これらを束ねた流れは事前分布からデータ分布への流れとなる．

具体的には次のようにして学習する(図38)。はじめにデータ分布からデータを1つサンプリングする。本当はデータ点であるが、これ自体を分布としてみなせるように、データ点を中心に広がっているデータ点分布として考える。

次に事前分布から、このデータ点分布に向かう最適輸送を考える(前述のように基本単位の流れは最適輸送以外でも何でもよい)。最適輸送は求めることが難しいという話をしたが、輸送元の分布と輸送先の分布がともに正規分布の場合、正規分布の上で対応する

2点を選び、その間を等速直線運動する輸送が最適輸送となるというように簡単に求められる。この流れを基本単位の流れとする。

この基本単位の流れにおいて、適当な時刻でサンプリングし、その位置における流れを予測できるように学習する。

これを繰り返していき、様々な基本単位の流れを可能な限り小さな誤差で予測できるようにしたモデルは、結果として、これらの流れを束ねた流れを予測できるようになっていることを示すことができる（注：この考えを発表した元論文では基本単位の流れを条件付き流れ、束ねた流れを周辺化流れとよんでいる）。

フローマッチングはデノイジングスコアマッチングと同様に、シミュレーションを必要としないシミュレーション・フリーで学習できる。束ねた流れ全体を一度も再現することなく、局所的な流れを推定できるようにモデルを学習していくことによって、全体の流れを再現する。

フローマッチングの発展

基本単位の流れが事前分布からデータ点分布への最適輸送であったとしても、それらを束ねて得られた流れが、事前分布からデータ分布への最適輸送になるわけではない。ただ、最適輸送に近い流れになることは期待される。

基本単位の流れの作り方を工夫することで、最適輸送により近い流れを得るようにする研究は進んでいる。例えば、さきほど数千点程度までは最適輸送が求まることは説明した。これをつかって、毎回事前分布とデータ分布から計算可能な範囲でデータ点をサンプリングし、次にそれらの最適輸送を求めた上でさらにそれを基本単位の流れとみなして、これらを束ねた流れをつかうといった手法が研究されている。

また、フローマッチングは輸送コストを自由に設計できるという特徴がある。例えば私たちが普段いる空間は平坦であり、ユークリッド空間とよばれている。これに対し、空間が曲がっている場合をあつかわなければいけない場面が、分野(宇宙、量子)によってはよくみられる。こうした問題をとりあつかう際は、それらの曲がった空間に合わせた輸送コストを設計することで、その状況における最適輸送を考慮した生成モデルを考えることができる。

条件付き生成は条件付き流れで実現

ここからは拡散モデル、フローマッチングを含めた流れをつかった生成モデルに共通する話題をとりあげていく。

冒頭で説明したように生成問題では、条件付きで生成が行なわれることが一般的である。流れを用いた生成において、条件付き生成は簡単に実現できる。

具体的には、条件付き生成を学習する際、流れを予測するモデルは入力として位置・時刻に加えて条件も受け取り、その条件下での流れを予測する。例えば、「子どもたちが野球で遊んでいる絵」という指示を条件とする場合を考えよう。この場合、まずこの指示をニューラルネットワークで数値の塊に変換する。この数値の塊を人間が読み取って理解する必要はなく、流れを予測するモデルが情報を利用できればよい。この数値情報の塊を「埋め込みベクトル」とよぶ。埋め込みベクトルは、文章の意味が詰め込まれた情報である。

ニューラルネットワークは、この埋め込みベクトルをもとに、与えられた位置と時刻における流れを推定する。埋め込みベクトルが変われば流れも変わる。

流れを予測するモデルは、「子どもたちが野球で遊んでいる絵」という条件(埋め込みベクトル)のもとで、作成途中の絵(位置)と進み具合(時刻)に対して、どのようにデータを更新すればよいかを学習することになる。

学習時には、膨大な量の条件を与え、それぞれの条件での流れを予測できるようにする。こうして、新たに与えられた条件についても正しく流れを予測できるようになる。

この埋め込みベクトルは、できるだけ元の情報をうまく表現している必要がある。それは似たような意味については近く、異なる意味は遠くに配置したり、情報をもれなく表わしていることが望まれる。言語情報をうまく表現できる大規模言語モデルが発展し、その内部状態を埋め込みベクトルとして利用することができるようになり、言語で条件付けされた生成モデルは飛躍的な性能向上を達成した。

潜在拡散モデル——元データを潜在空間に変換して品質を改善

多くの拡散モデルやフローマッチングモデルは、元のデータ空間でそのまま学習するのではなく、一度、別の空間に変換し、その潜在空間上で流れを学習させる場合が多い。この別の空間を潜在空間とよび、そこでの表現を潜在変数とよぶ。

なお、拡散モデルの文脈で出てきた潜在変数と、ここでの潜在変数は、同じ名前であっても別のことを指していることに注意してほしい。拡散モデルの場合は、データ空間はそのままで、その中で拡散過程による認識モデルが規定する潜在変数を順番に生成していた。ここでの潜在空間は、一般に元のデータ空間よりもずっと次元数が小さくなった空間であり、拡散モデルとは独立に求める。

例えば、この潜在空間の学習には自己符号化器をつかうことが多い。自己符号化器は、元のデータを符号化器をつかって潜在空間上に変換する。そして復号化器をつかって元のデータに戻し、元のデータが復元できるように符号化器と復号化器を同時に学習させる。これにより、元のデータ空間にあった冗長な情報は除去でき、潜在空間は多様体空間を表わしていることを期待する。

こうして元のデータを潜在空間に移し替えた上で、拡散モデルはさらにこの潜在空間中のデータに対し、拡散過程が規定する潜在変数を考えているということになる。

これにより、学習や推論に必要な計算量を数十分の1に減らすことができるだけでなく、品質を大きく改善することができる。

まとめ

この章では拡散モデルとフローマッチングをつかった、流れにもとづく生成手法を紹介した。これらのモデルは、スコアまたは最適輸送といった優れた性質をもつ流れをもとにして、データを生成できる流れを学習する。さらに、シミュレーション・フリーで学習することができ、従来では作れなかった大きなモデルで、大量の学習データを用いて安定的に学習することができるようになった。

5　流れをつかった技術の今後

流れをつかった生成技術は大きな成果を挙げているが、依然として多くの謎や課題が残されている。また、この技術は生成だけでなく、計算や最適化など様々な問題に応用することが期待されている。この章では、流れをつかった研究の最前線について解説し、今後の発展が期待されるいくつかの重要な話題に触れていく。

汎化をめぐる謎の解明

生成モデルの1つの究極的な目標は、生成における汎化を達成することである。すなわち、学習時に使用したデータそのものを再現するのではなく、学習データから得た知識をもとに、新たなデータを生成できるようにすることが目標である。

生成というタスクにおいては2つの意味での汎化を達成する必要がある。1つ目は生成対象の汎化である。学習の際には、一部の生成結果例が与えられるが、すべての生成結果は与えられない。学習データにはないような新しいデータを生成できるように汎化する必要がある。2つ目は条件の汎化である。学習の際には一部の条件例しか与えられない。生成時に初めて与えられる条件に対しても、正しく対応できるように汎化する必要がある。

流れを用いた生成においてもこうした汎化がおきている。しかし、どのように汎化がおきているのかについての理解は発展途上である。流れを利用した生成における汎化は、流れを予測するニューラルネットワークの学習過程における汎化と、それが生み出す流れにおける汎化の、2つのレベルでおきていると考えられる。

ニューラルネットワークはもともと、様々なタスクにおける汎化能力が優れていることが示されている。同様に流れを予測するタスクにおいても、学習中にみた条件・時刻・位置(生成対象)における流れから、未知の条件・時刻・位置における流れも予測できるように学習される。こうした流れの汎化がおきた結果、生成についても汎化するようになる。例えば、右を向いた犬の画像データしか学習データに含まれていなくても、左を向いた猫や牛の画像データが学習されていれば、左を向いた犬の画像も生成できるようになる。

さらにニューラルネットワークによる汎化だけでなく、拡散モデルの定式化による汎化が非常に強力であることが理論解析や実験結果から示されている。例えば、学習データを完全に2つに分割し、それぞれのデータをつかって拡散モデルを学習させた場合でも、得られるモデルのモデル分布はほぼ同一となることが明らかになっている。これは拡散モデルによる学習が、学習データを単に真似ているわけではなく、新しいデータを生み出していることの証拠となっている。

汎化の理解は、学習データをどのように参照して新たなデータを生成しているのか、また、なぜ意図しない生成結果が生じるのかを理解する上で極めて重要である。例えば、汎化によって「ハルシネーション」とよばれる現象が発生することがある。これは、学習データには存在しない非現実的なデータを生成してしまう問題である。画像や音声、動画の生成においては、こうした現象が問題とならない場合も多いが、事実にもとづく生成をしたい場合などでは、重大な問題を引き起こすことがある。したがって、汎化をより精緻に制御できるようになることが望ましい。

また、流れによる特徴が汎化にどのように影響するかについても、まだ明確にはわかっていない。拡散モデルはスコアにもとづく流れを使用して生成を行ない、フローマッチングは主に最適輸送にもとづいた流れを用いる。この他にも様々な流れが提案されている。スコアや最適輸送にもとづく流れは学習や汎化にどのように影響するのか、その解明が望まれている。

対称性を考慮した生成

流れを用いた生成の重要な特徴の1つに、データにみられる対称性を組み込むことができる点がある。例えば、化合物を生成する問題を考えてみよう。化合物は3次元空間内で移動や回転をさせても同一の化合物を表わす。そのため、化合物を移動や回転させても、それらの生成確率が変わらないことが望ましい。

第1章でもふれたように、データに対して何らかの変換(この場合は移動や回転)を適用しても、その性質が変わらないことを「対称性がある」とよぶ。

生成タスクにおいても、対称性を考慮することで、不自然なデータの生成を防ぐだけでなく、訓練データがより少ない場合でも高い汎化性能を発揮できるという利点が生まれる。

対称性を考慮した生成は一般に難しいが、流れを用いた生成では対称性を明示的に考慮することは容易である。具体的には、流れを用いた生成において対称性を考慮した生成を行なうためには、次の2つの条件を満たせばよいことがわかっている。1つ目の条件は、事前分布が入力に対する変換で変わらないこと。2つ目の条件は、各時刻において入力に対する変換に応じて流れも変換されること(同変性とよぶ)をもつことである。既に多くの入力に対する変換について、同変性を備えたニューラルネットワークが登場し、それをつかって対称性を考慮した生成が実現されている。

現在、様々な対称性は人間が明示的に設計して導入しているが、将来的にはデータや学習の過程で未知の対称性を自動的に学習し、これらの対称性を備えた生成を目指していくことが求められるだろう。

注意機構と流れ

現在のＡＩのモデルであるニューラルネットワークにおいては、注意機構とよばれるしくみが広く活用されている。これは、入力データに応じて内部でどのようにデータを受け渡しするのかを制御するしくみであり、特に現在広くつかわれているトランスフォーマーとよばれるモデルでは、注意機構（自己注意機構）が中核をなしている。

実は、このような注意機構はいくつかの制約のもとで、エネルギーベースモデルとして表現することが可能である。具体的には、エネルギーを適切に設定することで、エネルギーを小さくする方向に状態を更新した結果が、注意機構による計算とほぼ同じ形を作り出すことができる。この逆に注意機構による状態の更新は、エネルギーのような量を減らしていく操作に対応するとみなせる。言い換えれば、注意機構はエネルギーベースモデルの一種とみなすことができ、注意機構によって生じるデータの流れは、エネルギーベースモデルにおける状態更新の一種と解釈できる。

生成タスクにおいては流れをつかって分布を操作したが、今後は計算におけるデータ制御にも応用されるようになるかもしれない。

流れによる数値最適化

最適化問題は、幅広い分野でみられる普遍的な課題であり、目的関数とよばれる関数を最大化もしくは最小化する入力を求める問題を指す。しかし、目的関数が特定の性質をもたない限り、一般に最適化問題を効率的に解くことは難しい。

この最適化問題を、本書で説明した流れをつかった生成を用いて効率的に解決できる可能性がある。ここでは目的関数を最小化するような入力を求める問題を考えてみよう。この場合、目的関数の値をエネルギーとみなし、ボルツマン分布を通じて、拡散モデルによる生成問題とみなすことができる。このように考えると、目的関数を最小化する入力は、生成確率が最も高いサンプルに対応することになる。

様々な条件付き最適化問題を、条件付き生成問題に変換し、それらを学習することができ適切に汎化できれば、そのモデルは新たに与えられた最適化問題に対して、それを条件付き生成問題として、その最適解候補を効率的かつ網羅的に生成できる可能性がある。

人間はもともと優れた直観をもっており、特に訓練を積んだ人であれば、似たような最適化問題を解いていれば、新しい最適化問題でも最適解とはいえないまでも、かなり良い解を最初から見つけることができる。この人間の直観と同様に、様々な最適化問題で学習された流れをつかったモデルは、「今の候補解はこのように改善すれば良くなりそう」といったような直観を備えたモデルになる。この新しいアプローチは、従来の手法では到達しえなかった最適化の解法を提供する可能性がある。

言語のような離散データの生成

流れをつかった生成は、画像、音声、動画、化合物、制御など多くの分野で成功を収めているが、言語（テキスト）の生成、いわゆる大規模言語モデル（LLM）においては、現時点でまだ十分な成果を挙げていない。こうした大規模言語モデルでは、自己回帰モデルが利用されている。

流れによる生成を言語モデルに応用する研究も進行中であるが、現状では自己回帰モデルに比べて性能面で劣っている。その主な理由は、言語が離散的なデータであるためとみられる。流れをつかった生成は、連続的な情報の取り扱いに優れているが、言語は文字や単語といった離散的な情報で構成されており、これが流れをつかった生成との相性を悪くしている。離散的な情報を直接あつかえるような拡散モデルや、文字や単語を連続的なベクトル表現に変換してから拡散モデルを適用する手法が提案されているが、いまだ成功には至っていない。また、言語がそもそも前から順番に生成していくデータであり、自己回帰モデルと相性がよいという面がある（ただし、音声や動画なども同様に前から順番に作られるデータであるが、これらの場合は一定時刻ごとにまとめて生成する拡散モデルが成功している）。

では、もし流れをつかった生成にもとづく言語モデルが実現された場合、どのような利点があるだろうか。

まず1つ目の利点に、多様な生成が可能になることが挙げられる。流れをつかった生成モデルは、生成候補が多様であっても(分布に多峰性があるとよぶ)、それらを効率的に列挙できる。今後、大規模言語モデルが複雑な推論問題を解く際には、多様な生成候補を生み出す能力が重要となる。同じ考え方だけでなく、多様な視点からの考え方を生成できることに価値が生じるためである。

2つ目の利点は、並列処理が可能になることである。現在の計算機は、逐次処理ではなく並列処理を行なうことで性能を向上させている。自己回帰モデルでは、前から順に1つずつしか単語(実際の大規模言語モデルの処理単位は、トークンとよばれる単語に限らないかたまり)を生成できないが、流れをつかった生成モデルを用いることで、数百の単語を同時並列に生成できるようになり、データ生成がより効率的に行なえる。

また、手法を置き換えるのではなく、既に成功している自己回帰モデルと流れをつかった生成を融合させる試みも行なわれている。今後、両方の手法の知見を活用し、より困難な生成問題に取り組むことが期待される。

脳内の計算機構との接点

人間が脳内でどのように様々な学習や推論処理を行なっているのかは、いまだに解明されておらず、様々な仮説が提唱されているものの、確定的な理解には至っていない。脳は様々な機能が分散で処理され、局所的な情報をつかって計算や学習(状態更新)がなされていると考えられる。

本書でも述べたように、エネルギーベースモデルやそれにもとづく学習機構と、脳内での学習機構との接点についての研究は進んでいる。こうした状況において、流れを用いた生成や計算は、これまでにない計算機構の候補を提供する可能性がある。例えば、新しい情報を記憶する際には、その情報に対応する状態のエネルギーが低くなるように流れを修正すればよい。このような流れの修正は、局所的な情報のみで更新が可能であるという利点がある。今後の研究により、こうした仮説が検証され、さらなる理解が進むことが期待される。

流れによる生成の未来

流れをつかった生成は、まだ始まったばかりの分野であり、生成技術は発展途上にある。今後も進化し、生成品質や生成速度、多様性は今後も向上し続けることが期待されている。

さらに、生成結果をどのように制御するか、生成結果や汎化をどのように理論的に保証するかといった課題も、今後ますます重要になるだろう。また、流体力学、情報幾何、非平衡熱力学、情報工学、機械学習といった新しい分野間の連携も広がると考えられる。これらの分野の知見を統合しながら、流れをつかった生成技術はさらなる発展を遂げていくことが望まれる。

付録　機械学習のキーワード

確率と生成モデル

生成モデルでは確率分布をあつかう。生成されるデータは、モデルによって学習して獲得されたモデル分布という確率分布に従って生成（サンプリング）される。ここでは確率と確率分布の基本について説明しよう。

確率とは、ある事象がおこる可能性の度合いや信念を数字で表わしたものである。例えば、立方体のサイコロにおいては、それぞれの目が出る確率は6分の1であるといったり、明日の天気で晴れになる確率は40％であるといったようにいう。

また、確率変数とは試行の結果を数値で表わすものである。例えばサイコロの目の数や、コイン投げをしたときのコインが表か裏になる結果（表を1とし、裏を0とするなど）が、確率変数となる。

そして、確率変数が実際にある値となる確率を与える関数を確率分布とよぶ。例えば、サイコロの場合は、目を確率変数とし、各目が出る確率が6分の1となる確率分布となっている。各試行の結果に確率を割り当てたものが確率分布だということができる。

ある分布が確率分布となるためには2つの条件を満たすことが必要である。1つ目の条件は、すべての確率は0以上でなければならない。つまり負の確率は存在しない。2つ目の条件は、確率変数がとりうるすべての値に対する確率の合計は、1でなければならない。

この2つ目の条件は、確率変数が高次元データの場合など、とりうる事象の数が多い場合には、満たしているかを確認したり、保証することが難しくなる。この問題については第2章の分配関数の計算の部分で詳しく述べている。

データ生成を学習するとは、データ生成候補から構成される確率変数の上で、確率分布を推定する問題と考えられる。

このとき、生成対象のデータに対して0より大きい確率を割り当て、生成対象ではないデータに対しては0または非常に小さい確率を割り当てるという確率分布を推定することが、学習の目標である。この確率分布に従ってデータをサンプリングすれば、生成対象のデータが生成されることになる。

最尤法

生成モデルを学習するという場合、モデルが定義する確率分布と、データによって定義される確率分布をできるだけ一致させることが目標となる。

モデルによって作り出される確率分布をモデル分布とよび、学習用の学習データによって作られた確率分布をデータ分布とよぶことにしよう。モデル分布はモデルのパラメータを変えることにより、自由に変えることができる。これに対し、データ分布は学習データによって与えられ、一般に固定である。生成モデルの学習の目標は、モデル分布をデータ分布に合わせるように、モデルのパラメータを調整することである。

2つの確率分布が与えられたとき、これらの分布間の距離（正確には距離ではなく、距離の2乗のスケールをもち、また引数の順序についての対称性がない）に相当するものとして、カルバック・ライブラー・ダイバージェンス（KLダイバージェンス）を定義できる。このKLダイバージェンスは常に0より大きな値をとり、2つの分布が近づけば近づくほど小さな値となり、ちょうど一致したとき、またそのときのみ、0の値をとる。そのため、2つの分布間のKLダイバージェンスが小さくなるようにモデル分布のパラメータを調整することで、分布を合わせるように学習ができる。

このKLダイバージェンス（正確にはデータ分布のモデル分布に対するKLダイバージェンス）を小さくするには、データ分布からデータをサンプリングし、モデル分布における、そのデータの確率を大きくすればよいことがわかっている。データ分布において確率が大きいデータは、モデル分布においても確率を大きくするという考え方である。与えられたデータに対してモデルが割り当てる確率を尤度とよぶことから、学習データの尤度が最大になるようなモデルのパラメータを求めることで、パラメータを推定する方法を最尤推定または最尤法とよぶ。最尤法は生成モデルの学習において広くつかわれている。

本書で紹介する拡散モデルは、学習時はデノイジングスコアマッチングとよばれるノイズを加えたデータからノイズを推定できるように学習するが、これがノイズを加えた確率分布に対する最尤法に対応することがわかっている。

機械学習

生成ＡＩにどのように生成すればよいかを人間が直接教えることはない。計算機に学習用データを与え、それらのデータから計算機がデータの生成の仕方を自ら学んでいく。このように計算機自体がデータから学習していくアプローチを機械学習とよぶ。

現在のＡＩの多くは機械学習によって実現されており、生成ＡＩも機械学習で実現されている。

機械学習のしくみ

機械学習のしくみを説明しよう。機械学習を実現するのに必要なのは、モデル、学習データ、そして学習目標の３つである。順に説明していこう。

一般に、入力を渡したら出力が返ってくるような箱を「関数」とよぶ。例えば、渡した数を3倍にして返すという関数を考えた場合、入力に10を入れると、出力として30が返ってくる。

そして、機械学習におけるモデルとは、データからパターンや関係性を学習し、学習結果をもとに新しいデータに対して予測や判断を行なう関数のことをよぶ。

このモデルは学習データを読み込んで挙動を変える。これを実現するためにパラメータを導入する。パラメータとは、モデルのふるまいを決定する調整可能な「つまみ」のことである。例えば、さきほどの「入力を3倍にして返す」という部分の「3倍」をパラメータとし、これを5倍や10倍に変えられるようにする。このパラメータの値を変えると、同じ入力値に対する出力値が変化する。このように、パラメータによってふるまいが変わるモデルを特にパラメトリックモデルとよぶ。

パラメトリックモデルは、たくさんの「つまみ」を備えたシンセサイザーのようなものと考えるとわかりやすい。つまみを回すと、同じ鍵盤を押しても音色が変わるのと同じように、パラメトリックモデルは、パラメータを変えることで、同じ入力に対する出力結果が変化する。生成ＡＩでつかわれるパラメトリックモデルは数百万から数億という、とてつもない数のつまみをもつ関数である。

次に、学習データを用意する。これは入力と、正解となる出力の、ペアからなるデータを大量に揃えたものである。例えば、与えられた画像が犬であるか猫であるかを分類したい場合、学習データとして、様々な犬や猫の画像と、それに「犬」または「猫」とラベルがついているデータを用意する。

最後に学習目標を用意する。学習目標は学習データをつかって数値として測れるものであれば何でもよく、慣習的に値が小さくなるほど良いものを選ぶことが多い。例えば分類タスクの場合、学習データにおける分類の予測結果と正解を比較したときの不一致率を小さくすることを目標とする。

パラメータの調整＝学習

ここまでで モデル、学習データ、学習目標が揃った。この3つをもとに学習は次のように行なわれる。

まず、モデルのパラメータをランダムな値で初期化する。次に、学習データからランダムにデータを選ぶ。データは入力と正解の出力のペアである。そして、入力だけをモデルに渡し、出力を予測させる。その後、モデルによる予測結果と正解の出力を比較する。

モデルによる予測が既に正解の出力と合っている場合はそのままとする。予測と正解が合っていない場合、予測が正解に近づくようにパラメータを調整する。これにより、少なくとも今みている入力データについては予測が当たるようになる。次にまた別のデータを選び、予測をし、正解が合うようにパラメータを調整するという過程を繰り返す。

モデルのパラメータは最初はランダムに決めているため、予測結果はでたらめであり、予測結果が正解と合うことはない。しかし、調整を繰り返すことによって、最終的にはほとんどのデータで予測が当たるようになっていく。

このように、モデルによる予測が正解に合うようにパラメータを調整する部分を、学習とよぶ。人間の学習と比べると、機械学習における「学習」は、以上のように具体的なプロセスであることに注意してほしい。

ニューラルネットワーク

現在、最もよくつかわれているモデルは、ニューラルネットワークとよばれるモデルである。ニューラルネットワークは単純な計算を行なうニューロンとよばれる計算単位からなっており、膨大な数のニューロンを組み合わせることで、非常に複雑な計算もあつかうことができる。

実は、どれだけ複雑な入出力の関係がある関数であっても、十分な大きさのニューラルネットワークがあれば、任意の精度でその関係を近似できることがわかっている（万能近似定理）。

さらに、ニューラルネットワークは誤差逆伝播法とよばれる優れた方法で学習できる。この方法により、予測が間違えているときにパラメータをどのように調整すればよいかを、非常に正確かつ効率的に求めることができる。誤差逆伝播法により、パラメータ数が数億から数兆個ある場合でも効率的に学習することができる。

本書では流れをつかった生成の実現に焦点を当てるため、ニューラルネットワークの発展については詳しく取り上げないが、このニューラルネットワークのモデルの発展も生成の実現に大きく貢献している。

有限の学習データから無限のデータに適用可能なルールを獲得する汎化

機械学習において、もしあつかう問題のすべてのデータを学習データ中で列挙できるのであれば、それらの入力と出力のペアをすべて丸暗記しておけば完璧な予測ができる。人間には丸暗記は難しいかもしれないが、計算機にとって丸暗記はむしろ得意なタスクである。

しかし、現実の世界であつかう多くの問題では、あらかじめすべてのデータを列挙しておくことは不可能である。特に入力データが言語や画像、音声などの場合、そのバリエーションは無限に存在する。

そこで、機械学習の目標は答えを丸暗記するのでなく、有限の学習データから学習し、無限のデータに適用可能なルールやパターンを獲得することにある。このような学習データから得た知識をつかって、未知のデータでもうまく予測できるようにする能力を、汎化能力とよぶ。

生成タスクにおいても、汎化は重要な概念である。生成タスクの目標は、学習データに出現したデータを丸暗記するのではなく、有限のデータから学習し、学習データには存在しない新しいデータを生成できるようになることである。

このように、汎化は機械学習において非常に重要な概念であり、限られた学習データから未知のデータに対応できる能力を獲得するために不可欠なものである。

岡野原大輔

1982年生まれ．2010年東京大学大学院情報理工学系研究科博士課程修了，博士(情報理工学)．2006年Preferred Infrastructureを共同で創業，2014年Preferred Networks(PFN)を共同で設立．現在，PFN代表取締役最高研究責任者，Preferred Computational ChemistryおよびPreferred Elements代表取締役社長を務める．著書に『高速文字列解析の世界——データ圧縮・全文検索・テキストマイニング』『拡散モデル——データ生成技術の数理』『大規模言語モデルは新たな知能か——ChatGPTが変えた世界』(岩波書店)ほか．

岩波科学ライブラリー 328
生成AIのしくみ〈流れ〉が画像・音声・動画をつくる

2024年12月18日 第1刷発行
2025年 2 月 5 日 第2刷発行

著 者 岡《おか》野《の》原《はら》大《だい》輔《すけ》

発行者 坂本政謙

発行所 株式会社 岩波書店
〒101-8002 東京都千代田区一ツ橋2-5-5
電話案内 03-5210-4000
https://www.iwanami.co.jp/

印刷・理想社 カバー・半七印刷 製本・中永製本

ISBN 978-4-00-029728-8 Printed in Japan

●岩波科学ライブラリー〈既刊書〉

323 **流体力学超入門**
エリック・ラウガ　訳 石本健太
定価一八七〇円
水や空気はどのように流れるのか。その運動をいかに制御するか。粘性、渦、乱流、レイノルズ数などの重要な概念を高校数学レベルで解説。物理的なアイデアに焦点をあてて、現代的な視点で書かれた本格的入門書。

324 **「はやぶさ2」は何を持ち帰ったのか**
リュウグウの石の声を聴く
橘 省吾
定価一六五〇円
小惑星探査機「はやぶさ2」が持ち帰ったリュウグウの石は様々なことを語る。リュウグウと太陽系の歴史。海や生命の材料のありか。持ち帰られた試料の初期分析を統括した著者が、試料分析の成果を語る。

325 **生命はゲルでできている**
長田義仁
定価一五四〇円
ゼリーや豆腐など、水を含んでブヨブヨ、プルプルしているのはみんなゲル。私たちのカラダの大部分はゲルでできている。生命活動に不可欠なしなやかさを備えるばかりか、物質・エネルギーの輸送も担うゲルのしくみとは。

326 **植物園へようこそ**
国立科学博物館筑波実験植物園 編著
定価一六五〇円
癒されて驚かされる世界の植物たちのとっておきの楽しみ方を研究者が語ります。植物を集めて育て、調べて守る、知られざる裏側の奮闘まで熱く紹介。きっと好きになる、もっと好きになる、植物園ガイドブック。

327 **数学者の思案**
河東泰之
定価一七六〇円
数学者になれる中高生を見抜くことはできるか。答えが一つの数学の試験採点は容易か。数学者になるまでの道はどんなものか。世間のイメージとも他分野の理系研究者の感覚とも異なる数学者の実像と思考法がうかがえるエッセイ。

定価は消費税一〇％込です。二〇二五年二月現在